SER FELIZ: É POSSÍVEL?
UM DIÁLOGO ENTRE CIÊNCIA
E ESPIRITUALIDADE

PAPIRUS ✦ DEBATES

A coleção Papirus Debates foi criada em 2003 com o objetivo de trazer a você, leitor, os temas que pautam as discussões de nosso tempo, tanto na esfera individual como na coletiva. Por meio de diálogos propostos, registrados e depois convertidos em texto por nossa equipe, os livros desta coleção apresentam o ponto de vista e as reflexões dos principais pensadores da atualidade no Brasil, em leitura agradável e provocadora.

MONJA COEN

GUSTAVO ARNS

SER FELIZ: É POSSÍVEL?
UM DIÁLOGO ENTRE CIÊNCIA
E ESPIRITUALIDADE

PAPIRUS 7 MARES

Capa	Fernando Cornacchia
Coordenação	Ana Carolina Freitas
Edição	Fluxo Editorial Serviços de Texto e Ana Carolina Freitas
Diagramação	Guilherme Cornacchia
Revisão	Laís Souza Toledo Pereira

Dados Internacionais de Catalogação na Publicação (CIP)
(Câmara Brasileira do Livro, SP, Brasil)

Coen, Monja
　Ser feliz: é possível?: um diálogo entre ciência e espiritualidade / Monja Coen, Gustavo Arns. -- Campinas, SP: Papirus 7 Mares, 2024. -- (Coleção Papirus Debates)

ISBN 978-65-5592-054-3

1. Autoconhecimento 2. Espiritualidade 3. Felicidade I. Arns, Gustavo. II. Título. III. Série.

24-228063　　　　　　　　　　　　　　　　　　　　　　　CDD-158

Índices para catálogo sistemático:

1. Felicidade: Psicologia　158

Cibele Maria Dias - Bibliotecária - CRB-8/9427

1ª Edição – 2024
2ª Reimpressão – 2025

Exceto no caso de citações, a grafia deste livro está atualizada segundo o Acordo Ortográfico da Língua Portuguesa adotado no Brasil a partir de 2009.

Proibida a reprodução total ou parcial da obra de acordo com a lei 9.610/98. Editora afiliada à Associação Brasileira dos Direitos Reprográficos (ABDR).

DIREITOS RESERVADOS PARA A LÍNGUA PORTUGUESA:
© M.R. Cornacchia Editora Ltda. – Papirus 7 Mares
R. Barata Ribeiro, 79, sala 316 – CEP 13023-030 – Vila Itapura
Fone: (19) 3790-1300 – Campinas – São Paulo – Brasil
E-mail: editora@papirus.com.br – www.papirus.com.br

Sumário

O que é a felicidade? 7

Aprender a ser feliz 21

Em busca de propósito 39

Ser feliz é ser livre? 55

Felicidade tóxica 67

A importância de estar presente 85

Contentar-se com a existência 95

É preciso sentir 111

Glossário 123

N.B. Na edição do texto foram incluídas notas explicativas no rodapé das páginas. Além disso, as palavras em **negrito** integram um **glossário** ao final do livro, com dados complementares sobre as pessoas citadas.

O que é a felicidade?

Gustavo Arns – No campo da ciência, existem algumas possibilidades conceituais que tentam explicar o que é a felicidade. Há dois conceitos que aprecio. Um deles é do professor **Tal Ben-Shahar**, que ficou famoso por ter lecionado a aula mais concorrida* da Universidade de Harvard, nos Estados Unidos, e esteve presente aqui no Brasil no Congresso Internacional de Felicidade** de 2018. Segundo o professor, a felicidade é "a combinação entre bem-

---

* "The Science of Happiness".

** O Congresso Internacional de Felicidade é o maior evento da América Latina sobre o tema e reúne palestrantes do Brasil e do mundo para compartilharem seus pontos de vista sobre a felicidade com base na ciência, filosofia, arte e espiritualidade. Gustavo Arns é o idealizador desse evento, que teve sua primeira edição em 2016.

estar físico, emocional, intelectual, relacional e espiritual". Quando assumimos a nossa autorresponsabilidade e fazemos escolhas saudáveis, as melhores dentro das nossas possibilidades em cada uma dessas áreas, vamos *construir* mais felicidade – a ciência costuma evitar o uso da palavra "busca", pois pode dar a ideia de algo exterior, uma procura a ser feita em algum lugar, substituindo-a por "construção", porque remete à autorresponsabilidade e às escolhas que fazemos. A ideia de estarmos em um enquadramento social, que muitas vezes restringe as nossas escolhas, não se torna um desafio intransponível à felicidade, mas, de certa forma, nos limita. Eu aprecio esse conceito porque é concreto, tangível, palpável, nos dá uma direção prática, um caminho a seguir.

Há também o conceito da professora **Sonja Lyubomirsky**, da Universidade de Riverside, no sul da Califórnia. Ela diz que felicidade é a combinação de dois elementos: "a experiência de alegria, contentamento ou bem-estar positivo, e a sensação de que a vida é boa, significativa e vale a pena". Há dois componentes nessa concepção: a experiência de alegria como algo externo, mas que precisa estar combinada com uma sensação – e, se é uma sensação, trata-se de algo interno e mais profundo. Esse é um conceito que, de certa forma, retoma a ideia de **Aristóteles**, que fala da felicidade hedônica e eudaimônica. A felicidade hedônica refere-se aos prazeres da vida, às realizações, sejam elas grandes ou pequenas, materiais ou imateriais: a realização profissional, a compra de um objeto que se deseja há algum tempo até o nascimento de um filho. Mas isso tudo requer a sensação interna. E essa sensação interna, essa felicidade eudaimônica, como diria Aristóteles, é totalmente alheia ao externo. Não importa o que esteja acontecendo do lado de fora, o indivíduo deve ter os recursos internos para encontrar o contentamento e a satisfação com a vida.

A ciência vem mostrando que parte da felicidade pode ser subjetiva. Mas só uma parte. Por quê? Se pegarmos, por exemplo, o conceito do professor Tal Ben-Shahar, no qual o bem-estar físico é um elemento importante, podemos concluir que todos os seres humanos precisam descansar. Todos os seres humanos precisam dormir. Portanto, esse é um aspecto humano do bem-estar, da felicidade. Mas, culturalmente, existem atributos diferentes. Por exemplo, aqui no Brasil, o calor humano, os afetos, os abraços são muito importantes. Mas isso não é uma verdade, por exemplo, nos países nórdicos, onde obviamente existe afeto e carinho, mas culturalmente é diferente do que acontece no Brasil. Isso não quer dizer que eles sejam mais ou menos felizes do que nós; é apenas um atributo cultural diferente. Portanto, parte da felicidade é humana, e outra parte pode variar culturalmente. E parte pode mesmo ser subjetiva. As atividades físicas, por exemplo, são um atributo muito importante da nossa felicidade. No entanto, que atividade física seria essa, em que intensidade, em que momento, em quais condições? Isso varia de ser humano para ser humano. Mas hoje a ciência traz essa ideia de que há aspectos culturais e sociais da felicidade que contemplam toda a humanidade.

Monja Coen — No budismo, não usamos a palavra "felicidade". Dizemos que é possível acessar um estado de paz e tranquilidade chamado de "nirvana". Nirvana é a cessação das oscilações da mente, é um estado de equilíbrio e quietude alcançado por meio das práticas espirituais.

O que teria **Buda** percebido em sua jornada, o que experimentou como ser humano no processo do despertar? A palavra Buda significa ser desperto. Por sete dias e sete noites, há mais de 2.600 anos, Sidarta Gautama se sentou em silêncio sob uma frondosa árvore. Foi provocado pelos prazeres dos sentidos, pelas preocupações de sucessão ao trono de seu pai, pela saudade de sua esposa e de seu filho recém-nascido, que abandonara ao sair à procura de um sentido maior para a existência. Atravessou todos os portais, superou todas as tentações, todos os obstáculos e, quando acessou o despertar, exclamou: "Eu e a grande Terra e todos os seres simultaneamente nos tornamos o Caminho". Tornar-se o Caminho é o mesmo que despertar, é penetrar a realidade assim como ela se manifesta em cada instante. É tornar-se um ser iluminado.

"Eu e a grande Terra" – parecem ser duas coisas distintas. Entretanto, esse "e" não é dual; pelo contrário, é identificativo, tem a mesma identidade, o mesmo ser. Podemos transpor essa ideia em outra frase, que parece estranha, mas revela um sentido profundo: "Eu sou igual à grande Terra. A grande Terra são todos os seres unidos. Todos os seres unidos no mesmo instante é o Caminho. (Eu, a grande Terra, todos os seres, simultaneamente – é o Caminho se manifestando, a realidade, o assim como é.)".

Como Buda explicaria a sua experiência mística de identidade absoluta com tudo o que é, foi e será? O jovem príncipe, iogue e peregrino, acabara de despertar, de se tornar um Buda, um ser desperto, e começou a ensinar, a compartilhar o que compreendera em sua árdua procura. Seu primeiro ensinamento foi sobre as Quatro Nobres Verdades: insatisfação existe; há causas para essa insatisfação – nascimento, velhice, doença e morte; há um estado de paz e tranquilidade chamado nirvana – cessação das oscilações da mente; há um caminho de prática no qual o nirvana se manifesta – caminho de oito aspectos.

A primeira nobre verdade, insatisfação, não significa exatamente infelicidade ou dor, tristeza, sofrimento, mas a percepção de que nem sempre a realidade é como gostaríamos que fosse.

Buda ensinou que nascimento, velhice, doença e morte são causas de insatisfação. Veja só, Buda não disse que são causas de infelicidade, mas causas de insatisfação. Após explicar as causas, afirmou haver um estado de plenitude, de sabedoria tranquila, chamado nirvana. Esse estado de plenitude é obtido, identifica-se com o caminho de oito aspectos: memória correta, pensamento correto, ponto de vista correto, fala correta, meio de vida correto, meditação correta, esforço correto e o *samadhi* correto, que é a autoidentificação com o todo. A prática desse caminho de oito aspectos é a prática do despertar. É ter o discernimento correto em decisões, palavras, gestos, pensamentos.

Podemos verificar se o que falamos, pensamos e fazemos atendem a esses oito aspectos: Lembramo-nos da verdade? Nosso pensamento é de compreensão e inclusão, afeto e cuidado? O ponto de vista da realidade está de acordo com os princípios éticos de uma vida plena? A nossa fala leva as pessoas à procura da verdade e do caminho? Nosso meio de vida estaria perturbando ou abusando outras vidas?

Quando meditamos, seguimos um processo transmitido diretamente por discípulos e discípulas de Buda, e somos capazes de acessar o *samadhi* – o estado do "não eu", de identificação e comunhão com toda a vida do planeta, do cosmos. O "não eu" depende do "eu". Abandonar a si, esquecer-se de si é o princípio essencial para perceber o nós, o coletivo, a rede da vida. Somos essa rede. Precisamos, sim, querer alcançar alguma coisa além dos prazeres e sucessos materiais – e esse querer está relacionado a um "eu" bem estruturado, que percebe suas limitações e quer ir além.

Existe uma procura – uma construção, como você fala, Gustavo. Nós podemos construir um estado de plenitude nesta vida, mas tal plenitude, como tudo no budismo, não é fixa nem permanente. Não existe, portanto, um estado permanente de felicidade. Nós temos momentos de grande plenitude e momentos de insatisfação. Quando nos damos conta disso, voltamos a buscar o eixo de equilíbrio. Isso significa perceber claramente o que está acontecendo conosco, o que acontece à nossa volta, o que se passa no mundo e o que podemos fazer para que seja melhor a todos e todas.

Nós podemos construir um estado de plenitude nesta vida, mas tal plenitude, como tudo no budismo, não é fixa nem permanente. Não existe, portanto, um estado permanente de felicidade. Nós temos momentos de grande plenitude e momentos de insatisfação. Quando nos damos conta disso, voltamos a buscar o eixo de equilíbrio.

Buda ensinou sobre a importância de encontrar o contentamento. A pessoa que conhece o contentamento é feliz mesmo dormindo no chão. E quem não conhece o contentamento é infeliz mesmo em um palácio maravilhoso – são frases do último ensinamento de Buda, pouco antes de entrar em *parinirvana* (morrer).

Não são as coisas externas, exteriores, mencionadas há pouco, que nos trazem bem-estar. Não são *apenas* elas. Elas são importantes, não devemos negá-las. Não se trata de acreditar que não precisamos ter nada, de que quanto mais pobres formos, melhor será. Não é bem assim que funciona. Não precisamos sair por aí perambulando, envolvidos em um barril ou enrolados em um cobertor, dizendo que somos mais felizes porque não temos nada, nem preocupação com coisa alguma.

A tradição budista conta a história de um homem muito rico que se preocupava em não perder a sua riqueza. Tão atribulada era sua mente com esses pensamentos de possível perda que, certo dia, desesperado, atirou toda a sua fortuna no rio. Nesse momento, alguém o questiona: "Por que você não deu a sua riqueza a uma pessoa necessitada?". Ao que ele respondeu: "Por que vou passar meu problema para alguém? Se algo me incomoda, tenho que me desfazer da dificuldade, me libertar e não a passar a outra pessoa".

O que o incomodava? Seria a fartura, a riqueza em si, ou a preocupação em não a perder? Como ele lidava com seus bens materiais? Seria o apego a causa de sua perturbação constante?

No budismo, dizemos que sem apego e sem aversão o caminho é livre. E a liberdade da qual falamos aqui é o estado de plenitude, chamado de nirvana. Não estando apegados, tampouco rejeitando, podemos viver o presente com plenitude e leveza.

Xaquiamuni Buda, aos 80 anos de idade, ciente de que estava doente e prestes a morrer, deu seu último ensinamento. Falou sobre os oito aspectos ou oito qualidades de uma grande pessoa – ele chamava de "grande" a pessoa que despertou. Uma pessoa que desperta talvez seja a que chamamos de uma pessoa sábia, ou talvez possamos dizer feliz, no Ocidente. É a pessoa que encontra momentos de plenitude, sensação de bem-aventurança física, social, psíquica, emocional e espiritual, pois vive de forma sábia e compassiva. E, quando perde o eixo de equilíbrio, pode rapidamente voltar a ele.

Buda explicou os oito aspectos ou qualidades de uma grande pessoa: ter poucos desejos; conhecer a satisfação; apreciar a tranquilidade; praticar diligentemente; não perder a atenção plena, o foco; manter o estado equilibrado do zen, da meditação na vida diária; praticar a sabedoria – ouvir, ler, estudar e ter o discernimento correto; não se engajar em discussões inúteis.

O primeiro dos oito aspectos é a liberdade da ganância – ter poucos desejos, saber compartilhar. Quando nos libertamos da ganância, encontramos um estado de plenitude, que é também a capacidade de doação: de se dar, de se entregar.

A palavra "feliz" tem origem em "fértil", "frutífero". Aquilo que damos, o que compartilhamos, é mais valoroso para nós mesmos do que aquilo que recebemos. Se, por exemplo, alguém tiver uma boa ideia a apresentar à sua empresa, e o pessoal a acolher: "Que boa ideia! Vamos colocar esse plano em funcionamento", ele deveria se sentir feliz, mesmo que não o reconheçam como o autor da proposta. Pois ele próprio sabe que a sua sugestão foi acolhida, que a sua proposta foi boa e poderá beneficiar muita gente.

Desconheço uma tesourinha que me recorte da realidade. Estamos todos interligados a tudo, recebemos influência de tudo e de todos. Se há sofrimento no mundo, eu também sinto esse sofrimento, não posso dizer que sou feliz e que não tenho nada a ver com sofrimentos de outros. Isso não existe. Se há sofrimento no mundo, eu faço parte disso, sinto essa dor. Vou, então, procurar meios de terminar ou diminuir o sofrimento – não apenas o meu sofrimento pessoal, mas também o social e coletivo.

A fome, a miséria, os alagamentos, as guerras e seus horrores, a destruição, tudo isso me afeta. Sou completamente feliz porque não tenho nada a ver com isso? Isso não existe. No instante em que há crises nacionais e internacionais, somos afetados por elas. Por isso afirmo que o estado de bem-estar não é contínuo. Pode gerar uma insatisfação profunda que, em vez de nos levar à depressão, à tristeza, ao encolhimento, nos incomoda tanto que se transforma na alavanca de transformação do mundo. Pois desejamos estar – e que todos estejam – em um estado de bem-estar. Como podemos fazer isso? Podemos nos envolver em uma militância política, ecológica, por exemplo. Podemos nos envolver na militância da felicidade.

Tenho um amigo em Fortaleza que, aos 26 anos, depois de beber com amigos, sofreu um acidente grave de motocicleta. Quando Elione Sousa acordou no hospital, descobriu que foi preciso amputar um pedaço da sua perna. Hoje, ele é um atleta paraolímpico da canoagem e nunca mais bebeu álcool. Certa ocasião, Elione me convidou para conhecer e abençoar sua canoa nova. Eu já havia aprendido com ele a segurar o remo, a entrar e a sair da canoa e apreciar o mar, as águas, o coletivo do grupo, que precisa estar em harmonia para que a canoa vá para a direção escolhida. Trabalho de equipe, de grupo, de comunidade.

Elione é uma pessoa alegre, que sorri de orelha a orelha, forte, musculoso, olhos claros. Poderíamos pensar: "Como pode ser assim feliz, alegre?". Ele perdeu uma das pernas, vive da canoagem, trabalha com projetos sociais para levar esse esporte às áreas carentes de Fortaleza e a pessoas com necessidades especiais. Ele é casado com uma jovem que, na infância, perdeu a mão direita e um pedaço do braço em um acidente com uma serra. E ele fez dela uma atleta paraolímpica de salto em distância. São exemplos da importância da superação e da procura do bem-estar físico, como você lembrou, Gustavo.

A ciência fala em serotonina e endorfina, hormônios que fazem com que a gente se sinta bem. Dentro do nosso sistema, do nosso corpo, desse organismo vivo que é o ser humano, existem situações que fazem jorrar esses líquidos dentro de nós. Quer dizer, não é algo fantasioso; é tangível. Podemos medir o nível de serotonina e endorfina no corpo. Não se trata de um êxtase místico – isso é outra coisa importante e também mensurável.

Estamos falando que a maior parte da população, quando se cuida e cuida do entorno, fica bem. Quem faz trabalho voluntário, por exemplo, sente-se muito bem. Quase todos dizem que talvez faça mais bem ao voluntário do que às pessoas que recebem o cuidado. Ou seja, é mais uma vez a ideia de que dar é melhor do que receber, de que, quando compartilhamos, ficamos mais contentes ou melhores com o mundo – o que seria um estado de "felicidade". Por isso, Buda fala em libertar-se da ganância.

O ganancioso é aquele que só pensa em si, em suas vantagens e seus ganhos, sem pensar no coletivo, nas outras pessoas e nas diversas formas de vida. Ganância tem a ver com um eu pequeno, individual, mas que também é necessário. O que **Freud** chamou de ego não é algo que devemos descartar dizendo que não presta. Afinal, é o ego que nos faz comer, dormir, estudar, cuidar de nós mesmos. O ego é necessário. É o ego que nos leva à procura da verdade, do caminho, do bem-estar, da alegria, do contentamento.

Entretanto, o ego não é o dono do pedaço. Ao perceber que nós *intersomos*, só existimos em relação com todas as outras criaturas, com tudo o que existe – a terra, o vento, o ar, a baratinha, a formiga, a abelha –, ficamos mais humildes. Tudo o que é torna a nossa vida possível. Precisamos perceber que não estamos sozinhos, isolados, que o bem-estar pessoal é também o bem-estar coletivo. Notar que estamos interligados a tudo e a todos e que há práticas que podemos aprender, treinar, estudar, cultivar para acessar esse estado. Quanto mais esse estado for acessado, mais fácil fica de reconhecê-lo e acessá-lo. Mas, como tudo o que há, foi e será, isso não significa um estado permanente.

Aprender a ser feliz

Gustavo Arns – No Brasil, e na América Latina em geral, estamos sob forte influência cultural estadunidense. Associamos felicidade a experiências, ao sucesso, à vitória no campeonato do nosso time de futebol. Trata-se de uma felicidade eufórica, dos momentos felizes. Já na Europa, de maneira geral, a felicidade está muito mais associada ao equilíbrio entre vida pessoal e profissional e acesso às artes e cultura. O europeu geralmente não está nessa busca desenfreada pelo sucesso, pelo acúmulo de bens materiais, como aqui no Brasil. De acordo com a visão oriental mais tradicional, felicidade é igual à serenidade, paz interior. Poderíamos, então, pensar que estamos falando de felicidades opostas: serenidade x euforia. Nesse sentido, podemos perceber que não temos uma única resposta; temos, na verdade, várias nuances desse estado.

No Ocidente, por meio da psicologia positiva, que é o grande pilar da ciência da felicidade, temos práticas para o desenvolvimento da felicidade. Assim, considerando a felicidade como bem-estar físico, emocional, relacional, para cada uma dessas esferas, existem exercícios, atividades. Portanto, estamos dizendo que, para ser feliz, precisamos fazer certas atividades. Já no Oriente, me parece que é quase o oposto. Porque as esferas do ser e do fazer se comunicam do ser para o fazer, e não o contrário. Um budista diria que, para ser feliz, basta ser. Mas, aqui no Ocidente, isso é quase um enigma. Criamos, então, uma ciência que nos ajuda a percorrer esse caminho, mas que, no fim das contas, está dizendo que essas práticas são como cuidar do solo: adubar o terreno, aguar e disponibilizar a luz do sol para que essa felicidade genuína possa de alguma forma brotar. E o budismo também tem as suas práticas para isso, como a meditação e a contemplação. No fundo, essas duas linguagens convergem.

Dalai-lama afirma que a felicidade é um estado da mente. O neurocientista **Richard Davidson** passou décadas estudando o cérebro humano, e afirmou que a felicidade é uma habilidade. Isso transforma a maneira como a ciência entende e pesquisa a felicidade. Se a felicidade é uma habilidade, isso significa que pode ser estudada, aprendida, praticada e desenvolvida. É o que a neurociência vem afirmando. O cérebro é um músculo. Nós podemos construir um cérebro neuroquimicamente mais positivo por meio das nossas práticas. De alguma forma, isso chegou aos ouvidos do dalai-lama, que liberou seus monges para o estudo de Richard Davidson.

Com o avanço da tecnologia, a ciência criou instrumentos capazes de mapear nossa atividade cerebral, ou seja, tornou possível localizar a área do cérebro que está ativa quando relatamos um estado de felicidade. De maneira simplificada, no estudo de Davidson, ele mensurava a atividade neural na área do cérebro responsável pela percepção de felicidade conforme dava notícias para os participantes. Às vezes ele dava uma notícia neutra, às vezes uma boa notícia e, em outras, uma má. Então, o indivíduo, o chamado objeto de pesquisa, não sabia que notícia iria receber. Davidson, inclusive, envolveu nesse estudo colegas de trabalho, chefes, esposas, familiares para de fato conseguir dar notícias em primeira mão naquele momento. As pessoas souberam de realizações profissionais, de gravidez etc. Até que o objeto de pesquisa foi o monge **Matthieu Ricard**. Os instrumentos foram conectados a ele, e nenhuma notícia lhe foi dada. Ele entrou em estado de meditação e, em poucos minutos, a máquina registrou um pico nunca registrado. Assim, Matthieu Ricard se tornou conhecido como o homem mais feliz do mundo. E ele mesmo, em sua humildade budista, disse: "Não, sou apenas o homem mais feliz entre aqueles que foram estudados. Existem muitos outros homens no mundo e, talvez, vários deles mais felizes do que eu". Mas a verdade é que os nossos instrumentos mais tecnológicos conseguiram comprovar aquilo que o budismo afirma há muito tempo: a felicidade é um estado da mente. E esse estado pode ser treinado. Ou seja, estamos falando aqui de uma convergência entre ciência e espiritualidade, ambas afirmando que a felicidade pode ser aprendida, treinada e desenvolvida. Afirmando também que a felicidade pode ir além dos momentos felizes. Os momentos felizes são óbvios, maravilhosos. Quanto mais capazes somos de nos manter em um estado de presença, de realmente experimentarmos esses momentos felizes, de prolongá-los, de aprofundá-los, mais felizes seremos. O autoconhecimento nos ajuda nessa experiência. Mas é preciso ir além dos momentos felizes.

> **A felicidade é um estado da mente. E esse estado pode ser treinado. Ou seja, estamos falando aqui de uma convergência entre ciência e espiritualidade, ambas afirmando que a felicidade pode ser aprendida, treinada e desenvolvida.**

A senhora, Monja, deu anteriormente o melhor exemplo possível de uma felicidade que vai muito além de um momento feliz, que é o trabalho voluntário social. Qualquer pessoa que tenha feito um dia de trabalho voluntário na vida vai saber do que se trata. Normalmente, no fim de semana, é preciso acordar cedo e abrir mão do descanso, do lazer, do convívio familiar. Muitas vezes o trabalho é fisicamente exigente, emocionalmente difícil, mas nos sentimos preenchidos, realizados, úteis. Sentimos que a vida vale a pena. Quando converso com as pessoas e trago esse exemplo, a simples lembrança desse dia parece que já as preenche novamente. É uma felicidade muito diferente de receber uma massagem nas costas, de fazer um churrasco na casa dos amigos. É uma felicidade muito mais profunda do que um momento feliz ou um momento prazeroso.

Nesse sentido, há dois estudos bem interessantes. Um deles associa a felicidade diretamente à generosidade.* Os pesquisadores dividiram as pessoas em dois grupos. Cada pessoa do grupo A recebeu 50 dólares e foi instruída a comprar algo para si própria. Cada integrante do grupo B recebeu 50 dólares e foi instruído a comprar algo para alguém. Os estudos demonstraram que aqueles que

---

* Esse estudo, já replicado algumas vezes, tem como referência os pesquisadores Ed O'Brien e Samantha Kassirer, e foi publicado pela revista *Psychological Science* em 2019.

compraram algo para alguém tiveram uma intensidade duas vezes maior em seu relato de felicidade. Ou seja, parece que, de alguma forma, somos neuroquimicamente desenhados para sermos generosos. Quando fazemos algo para alguém, isso é mais impactante para a nossa felicidade do que quando fazemos algo para nós mesmos.

    O outro estudo foi realizado pela primeira vez pelos psicólogos Philip Brickman, Dan Coates e Ronnie Janoff-Bulman, e deu origem ao que a psicologia hoje chama de adaptação hedônica, que é o fato de nos acostumarmos com tudo de positivo ou negativo que nos acontece e, com o tempo, retornamos a um patamar médio de felicidade. De acordo com a ciência, nós temos experiências na vida que nos afetam de maneira positiva ou negativa, mas, invariavelmente, retornamos ao mesmo patamar de felicidade anterior depois de certo tempo. Brickman e sua equipe levaram essa compreensão às máximas possibilidades. O que eles fizeram? Entrevistaram ganhadores da loteria e pessoas que sofreram acidentes graves e ficaram paraplégicas. O estudo mostrou que, passado um tempo, depois da euforia, os ganhadores da loteria retornavam a seu patamar médio de felicidade. Quer dizer, no longo prazo, o fato de ter ganhado na loteria não tinha mais impacto sobre o quão felizes essas pessoas se sentiam. O mesmo se dava com aqueles que sofreram acidentes. Após um período de luto, as pessoas retornavam a seu patamar médio de felicidade. Na maioria desses casos, elas se reconfiguravam de tal forma que encontravam novos sentidos para a vida e para a existência. Achei isso tudo muito interessante e me debrucei em alguns relatos. Notei indivíduos amputados dizendo: "Sei exatamente com quem posso contar. Tem pessoas em quem confio. Pequenos desafios do dia a dia são grandes vitórias para mim". Enquanto os ganhadores da loteria relatam desconfiança. Não sabem mais por que as pessoas se aproximam. Há também a perda de pequenos prazeres da vida. Em um dos relatos, que achei interessantíssimo, a pessoa diz o seguinte: "Eu adorava tomar café na rua de baixo do meu prédio. Mas, quando se pode tomar um café em qualquer lugar do mundo, você sempre fica pensando se não teria um café melhor em outro lugar. Eu já fiz isso. Já saí de onde estava, fui tomar um café em outro país e voltei. E isso não teve a menor graça".

Monja Coen – Existe um filme butanês muito bonito chamado *A felicidade das pequenas coisas** que é sobre isso. O filme conta a história de um professor que gostava muito de tocar violão e se põe a imaginar que, se saísse do Butão, um país rural, e fosse para a Austrália, seria muito feliz. Ele é convocado pelo governo para lecionar em um vilarejo muito

---

* Drama de 2022 dirigido por Pawo Choyning Dorji. (N.E.)

pequeno. Ele segue para lá irritado, descontente, pois rejeita a cultura butanesa, a religião, tudo o que é da cultura local. Sonha com o exterior. Entretanto, durante a temporada que passa em contato direto com a população local, simples e amorosa, ele se transforma. Por fim, ele acaba indo para o sonho de outro país, de outra cultura. Percebe, só então, que são as pequenas coisas do dia a dia – o trato, a amorosidade, o gesto de carinho de uma criança, da pessoa que o ensina a usar adubo para fazer combustível – que vão, de fato, fazendo a vida ser grandiosa.

Quando Buda orientou para que se tomasse cuidado com a ganância, explicou: "Não procurem a fama e o lucro, pois são armadilhas do caminho". As pessoas acham que se se tornarem ricas e famosas, se forem admiradas por outras pessoas, serão felizes. Mas a felicidade não é só isso.

Certa vez, há alguns anos, estive com um grupo de jovens influenciadores no Rio de Janeiro. O YouTube convidara pessoas de toda a América Latina para esse espaço de encontro. Pediram que eu fosse conversar com os jovens. Soube que alguns nem dormiam à noite, usavam drogas ou tomavam estimulantes para ficar acordados. Quando perdem um único seguidor, ficam desesperados.

Um jovem, cujo nome não me lembro, disse: "Eu tenho oito milhões de seguidores, sou muito rico, posso ter tudo o que quiser, as pessoas querem ser como eu, mas existe um vazio tão grande em mim". Ele se sentava na posição de lótus completa, praticava ioga, meditava. Poderíamos pensar que ele tinha tudo para ser um homem feliz, realizado. Mas ele mesmo afirmava: "Existe um vazio existencial, Monja, que nada disso preenche". Espontaneamente, respondi: "Faça com que as pessoas sejam quem são". Ou seja, que conheçam a si mesmas em vez de quererem ser como outras pessoas. Quem sabe isso desse sentido, propósito ao seu trabalho de grande influenciador?

Tempos atrás, estive com um grupo em Campos do Jordão, ministrando uma palestra para uma fundação. Da plateia, um menino de 15 anos perguntou: "Monja, quero lhe fazer uma pergunta que não é só minha. Existem muitas pessoas que têm tudo o que podemos imaginar. São inteligentes, têm bons relacionamentos, saúde. Nada lhes falta. Não só materialmente como também estudam, são artistas, têm capacidade criativa. No entanto, todas elas dizem que lhes falta algo. O que está faltando? Quando podemos dizer que somos completos? Tem sempre alguma coisa faltando. Seria isso a espiritualidade? Seria uma forma de nos questionarmos sobre quem somos e por que estamos aqui?". Quanta sabedoria há em crianças, jovens, adolescentes!

O fundador da minha ordem, mestre **Eihei Dogen** (1200-1253), discursava sobre a importância de mantermos viva a mente à procura do despertar, a mente que questiona, pensa, reflete, pratica, experiencia e percebe que ainda falta alguma coisa. Sempre é possível se aprofundar e conhecer um pouco mais. Não há limite ao conhecimento, ao questionamento, ao pensar, refletir, praticar... Sempre falta algo.

A mente à procura do despertar não é algo que se possa dar a alguém nem privilégio de nascimento de alguns. Não se trata de uma qualidade inata. Não existe por si e ninguém pode dar a outra pessoa. É preciso esforço, procura, vontade de acessar níveis mais sutis e profundos de consciência.

Trata-se, em parte, de alguns dos exercícios espirituais de **Inácio de Loyola**, por exemplo. Pesquise, procure, verifique, experimente. Temos também exercícios espirituais no zen-budismo. São práticas para que possamos perceber o que estamos fazendo conosco. Para percebermos para onde estamos conduzindo nosso pensamento, nossa ação e nossa vida. Para nos darmos conta de que, às vezes, entramos em enrascadas. Que, sem notar, estamos desejando fama, dinheiro e sucesso. Mas o que é o sucesso? Essa é uma questão que precisa ser feita.

Devemos desejar o sucesso de suceder, de levar algo benéfico adiante, mas não que nosso nome esteja nas primeiras páginas dos jornais. Afinal, há muitas pessoas com o nome nas primeiras páginas que fizeram coisas bastante impróprias. E algumas delas se orgulham disso. É por essa razão que a imprensa norte-americana resolveu não dar visibilidade aos criminosos. Porque muitos desejam aparecer publicamente.

Por isso, a primeira coisa que Buda dizia era: "Cuidado. Há um obstáculo, e nós, humanos, somos frágeis. Podemos cair nessa armadilha". E mais: "Tenha cuidado. Não queira se relacionar com pessoas consideradas importantes no mundo comum". As pessoas verdadeiramente importantes são aquelas capazes de pureza, sabedoria e consciência ética.

A mente à procura do despertar não é algo que se possa dar a alguém nem privilégio de nascimento de alguns. Não se trata de uma qualidade inata. Não existe por si e ninguém pode dar a outra pessoa. É preciso esforço, procura, vontade de acessar níveis mais sutis e profundos de consciência.

O que é importante para nós? O que importa? O que colocamos dentro de nós? O que desejamos colocar em nós?

Trabalhamos para fazer das experiências, das práticas, dos estudos, dos anseios um crescimento e o desenvolvimento de uma habilidade que não é inata nem dada por alguém, mas treinada, exercitada. Para treinamento físico e mental, existem várias academias, digamos. Academias com as quais podemos nos envolver. Como existem diversas tradições espirituais e filosóficas, e escolhemos – ou não – algumas delas. Existem pessoas que pulam de uma para outra à procura de um caminho que possa conduzir a esse estado de plenitude, que não é um êxtase místico, volto a dizer. É um estado que precisa ser manifesto em nossa vida, no nosso dia a dia. Aliás, dizemos que as pessoas verdadeiramente sábias não se consideram melhores que ninguém, nem iguais ou inferiores a outras. A pessoa que verdadeiramente despertou é simples e nunca diria "despertei, sou sábia", pois não tem a noção de um eu separado.

Raras são as pessoas que ao acordar pensam: "Acordei, que bom!". Há dias em que desejamos dormir um pouco mais, outros em que pensamos estar com problemas difíceis pela frente, e há dias que são justamente o contrário – surge certa ansiedade por eventos agradáveis que possam vir a acontecer.

Nem toda ansiedade é prejudicial. Existe uma ansiedade que não deve ser extirpada, jogada fora – uma ansiedade benéfica. E existe outra que não é: "Tenho que pagar uma conta e estou sem dinheiro, sem emprego, sem possibilidade de empréstimo". Esse tipo de situação nos tira do estado de plenitude, de bem-estar. Ficamos aflitos, nervosos, ansiosos por coisas que talvez não seja possível realizar como gostaríamos.

Entretanto, até o que parece desnecessário faz parte da nossa experiência de vida humana. Quando alcançamos um estado elevado de compreensão, tudo faz parte e tudo é assim como é, até problemas, doenças, dores, confusão. É uma questão de fé, confiança, entrega. Estamos no sagrado. E esse sagrado somos nós, não é algo fora ou separado de nós, mas algo que permeia o dentro e o fora de todos os seres, de todas as formas de vida.

No zen-budismo, falamos sobre o *samadhi* de autopreenchimento, *samadhi* de seu próprio ser. Em outras tradições budistas, como a da Terra Pura, invocam-se as bênçãos de Amitaba Buda, o buda da luz infinita – é a força do *samadhi* do outro. Depois de anos de prática, a conclusão a que chegamos é de que não existe o *samadhi* pessoal sem que haja o *samadhi* do outro, de Buda.

Somos nós que vamos em direção a Deus, ou é Deus que nos puxa e nos leva até lá? Na verdade, não usamos a palavra "Deus" no zen-budismo. Dizemos que a natureza Buda nos chama – ou somos nós quem vamos em direção à completude da realização da natureza Buda? Nesse sentido, mestre Eihei Dogen escreveu: "O esforço é seu. Mas, quando você empreende o esforço, todas as forças o levam ao caminho".

O caminho significa a verdade, a realidade. E a realidade não é bonita nem feia, não é boa nem má. Nem feliz nem infeliz, ela é o que é. E chegar a esse ponto de equilíbrio em que não estamos nem muito alegres nem muito tristes é o que vamos chamar de ponto de nirvana, de bem-estar, de tranquilidade. Isso não significa que na alegria não nos alegramos ou que na dor não choramos. Pelo contrário. Podemos rir e podemos chorar sem nos esquecer de que não há nada fixo, tampouco permanente. O estado de bem-estar que sentimos agora pode desaparecer a qualquer instante. O estado de aflição e angústia que possamos estar sentindo também passa.

Quando começamos a perceber o *flow*, o fluir, que não há nada fixo nem permanente, não significa que devemos ficar soltos no mundo e fazer o que bem entendemos, mas criar metas e propósitos. Precisamos ter valores éticos, que nos dão o rumo certo e nos transformam. Por isso, Buda dizia para não desejarmos fama nem lucro. A pessoa atrás de fama e lucro é infeliz, pois está sempre perseguindo alguma coisa. Ela não encontra plenitude.

Isso também não significa que é para ficarmos em casa sem fazer nada. As pessoas confundem muito essa questão. Uma senhora me perguntou: "Mas, Monja, eu não posso querer ter uma casa própria?". Pois deve. Desapego não é isso. Mas, se nossa casa desabar, como muitas desabaram na enchente que acometeu o Rio Grande do Sul,* nós vamos reconstruí-la. Existe primeiro o momento do choque, da tristeza, da aflição. Todos sofrem muito, é o momento de pânico. Costumo dizer que é como a história do Lobo Mau e dos Três Porquinhos. A pessoa mais simples, não por ser preguiçosa, nem por falta de mérito, mas por não ter condições materiais de construir algo melhor, faz uma casa de coisas soltas: palha, tecido. A ventania vem, o lobo sopra e a casa cai. A segunda casa já é feita de um material um pouco melhor. Mas outra vez o lobo vem e a casa cai. A terceira casa é feita de tijolos, com fundações muito profundas. No sul, todas elas caíram, não porque eram malfeitas, ou estavam em áreas de risco, mas porque não respeitamos a natureza, que é a nossa vida.

Portanto, o primeiro momento é de pânico, de horror. Já o segundo momento deve ser de sororidade, de irmandade – novamente, vamos falar de um estado de felicidade e bem-estar de ajudar e auxiliar as pessoas. Primeiro, sentimos a dor do outro, depois precisamos fazer alguma coisa para minimizar essa dor e esse sofrimento, do contrário não ficaremos bem. Teve quem viajasse mais

---

* Em setembro de 2023, o Rio Grande do Sul foi afetado por enchentes após fortes tempestades. Pouco tempo depois, no final de abril de 2024, mais uma vez o estado foi atingido por fortes chuvas, que destruíram cidades inteiras, deixando inúmeras famílias desabrigadas e matando mais de uma centena de pessoas. (N.E.)

de 200 quilômetros para ajudar a tirar lama das casas. E as pessoas afetadas receberam muitas doações, a ponto de não terem onde armazená-las. Por isso, a primeira atitude é reconstruir. Quando estamos nessa tarefa, nosso estado mental e físico muda. Saímos do sofrimento e da dor da perda para a reconstrução, o recomeço.

"Perdi um amigo", "perdi uma perna", "perdi um trabalho", "meu amigo me traiu", "minha mulher foi embora com outro" – são tantas as coisas que podem acontecer que nos causam sofrimento. A vida não é só bonitinha; ela é o que é. A natureza é o que é. Quando a observamos, percebemos que os animais estão todos sobrevivendo. Eles se ajudam mutuamente, podemos reconhecer valores humanos de solidariedade, cuidado e afeto. As árvores se comunicam pelas raízes e mandam alimentos e vitaminas umas para as outras. Antes, não se sabia disso, e por esse motivo se pensava que apenas os humanos fossem seres sencientes. Mas todos os seres têm sentido, sentimento. Tudo está vivo. É um universo de vida pulsando o tempo todo. No entanto, as linguagens são diferentes. Qual é a plenitude de um carvalho? É ser carvalho. Ele não vai querer ser uma abóbora. E o que às vezes acontece conosco? Em vez de nos reconhecermos pelo que somos e desenvolvermos nossas qualidades, nossos valores e princípios, desejamos copiar alguém ali do lado.

Dia desses, ouvi alguém criticando os neopentecostais. Não gostei. Conheço pouco dos neopentecostais, mas não concordo em criticar pessoas ou grupos sem um conhecimento mais aprofundado. Cheguei a comentar: "Veja, há algo muito bonito em alguns grupos evangélicos, que é acolher a todos. Os templos estão de portas abertas para que toda e qualquer pessoa possa entrar e sair. Soube, inclusive, de muitos detentos que se convertem e se tornam pastores. Se isso não tem valor, eu não sei o que você considera valor". "Ah, mas eles são muito superficiais, desejam apenas riquezas materiais" – me responderam. Agora, é preciso analisar e verificar de onde vem essa questão de ter sucesso material – dos Estados Unidos, como você comentou, Gustavo. Os neopentecostais aprenderam isso com quem? Com os neopentecostais norte-americanos, que afirmam que a plenitude espiritual está ligada à riqueza material. Não está errado. Uma pessoa passando fome não diz: "Sou tão feliz passando fome! À noite ouço minha barriga roncando, estou pele e osso, meus filhos não têm o que comer, mas sou feliz". Isso não é verdade. Portanto, temos que observar esse quadro com um olhar um pouco mais amplo.

Em busca de propósito

Monja Coen – É possível treinar a mente e o corpo para um estado de bem-estar. Quem está observando o que estamos fazendo somos nós mesmos. Não devemos fazer o bem porque há uma câmera nos espiando ou na expectativa de obter méritos e benefícios posteriores, mas por haver um princípio internalizado, em nosso íntimo. E, para que isso aconteça, é preciso educação, treinamento.

A educação precisa ser dada desde o nascimento. Como dizia dona **Zilda Arns**, desde *antes* do nascimento, na verdade. No útero materno, inicia-se o trabalho da não violência. A criança tem que ser querida, desejada e amada já antes de nascer, durante a gestação, e precisamos considerar também a forma como ela foi gerada. Que não tenha sido por abuso, por estupro, por maldade ou experiência científica não autorizada.

A não violência, a ternura não têm a ver exatamente com algum gene especial, penso eu. Mas pode surgir do carinho e do afeto. Por isso, precisamos pensar em todas as mulheres. No respeito à sexualidade e durante a gravidez, em como são estimuladas a cuidar de seu bebezinho em formação. O que a mãe lê, estuda, pensa influencia o futuro bebê. E esse bebê não nasce apenas com características genéticas físicas, mas também comportamentais – como revela a neurociência atual. Essas características não são de uma, duas ou três gerações, mas de milhões de anos. Nosso DNA vem lá das cavernas, de pessoas cujo nome nunca saberemos, cuja face desconhecemos. Isso está em nós não só fisicamente, mas também no comportamento.

Estive recentemente em um encontro sobre longevidade. A geneticista **Mayana Zatz**, da Universidade de São Paulo, comentou que estava trabalhando com pessoas acima de 100 anos de idade. Ela mostrou uma fotografia de uma senhora que me chamou bastante atenção. No aniversário de cento e poucos anos, essa senhora estava acendendo um cigarro na velinha do bolo. Fumar não havia prejudicado sua saúde e longevidade. A geneticista, então, questiona em sua pesquisa: será que existe um gene da longevidade? E eu perguntaria: será que existe em nós um gene do bem-estar?

No caso de um indivíduo que passa pela tristeza, pelo luto, pela dor, pelo sofrimento, mas isso não abala seu estado de equilíbrio, trata-se de algo congênito ou cultivado?

Se uma pessoa nasce com determinado talento, mas não o desenvolve, morre como uma possibilidade incompleta. Já outra pessoa, que não tem talento nenhum, mas começa a treinar e a se esforçar, pode se tornar uma das maiores violinistas do mundo, digamos. Ela não tinha talento para a música, mas queria tocar, se esforçava, treinava e assim conseguiu o que a outra pessoa, talvez fazendo pouco, conseguisse. Portanto, existe algo nesse estado de plenitude, de bem-estar, de felicidade, que deve ser buscado, trabalhado, treinado, formado, educado.

Os fundadores da ordem Soto Shu, a que represento, dizem que é preciso existir uma comunhão espiritual entre a pessoa e Buda para que o verdadeiro despertar ocorra. Buda significa "o ser que acorda, que desperta". É o ser que vê a realidade como ela é. Não é uma deidade. É alguém que vê o que é como é, por isso também chamado de *Tathagata*, que significa exatamente aquele ou aquela que vem e vai do assim como é.

A capacidade de despertar é benéfica não só para a pessoa que desperta, mas também se estende a outras circunstâncias. A pessoa que desperta sabe que tudo é transitório e que tudo está interligado. Sabe que, se fizer o bem, o bem pode se expandir. Mas não é por esperar receber de volta que beneficia todos os seres, porque, se houver a menor intenção de ganho, nada obterá. Entretanto, o bem, uma vez feito, criará condições benéficas para todos. O despertar de um ser humano é o despertar da humanidade.

> **O bem, uma vez feito, criará condições benéficas para todos. O despertar de um ser humano é o despertar da humanidade.**

Estive recentemente no Japão com a minha superiora, que está com 93 anos, e ela disse que jamais se aposentará. Estive também com professores da minha linhagem que morreram com mais de 100 anos, sempre trabalhando, até o fim. Lúcidos. Não se trata de uma pessoa de 100 anos fragilizada em uma cama, mas completamente lúcida. Minha superiora é a primeira mulher de toda a história do budismo a ser professora em um mosteiro masculino, além do feminino. Isso em 2.600 anos de uma história que é bem masculina.

Aoyama *Roshi*, minha superiora – *Roshi* significa mestra anciã e é título para grandes mestres, que assim são chamados depois que pelo menos um de seus discípulos se torne professor oficialmente –, escreveu exatamente isto: "Quando eu me transformo, o mundo se transforma". Ela também desenhou um círculo preto em uma folha branca e escreveu que estamos sempre dentro da Verdade. E a Verdade, tudo o que acontece conosco e à nossa volta, é muito maior do que nós.

Há algo que reequilibra, quando tudo parece desequilibrado. É quando sabemos que aquela aflição, aquela angústia de que o mundo vai acabar, de que a inteligência artificial vai tirar todos os empregos, por exemplo, tudo isso se reorganiza, se refaz.

Entretanto, há um papel importante para cada um de nós nesse processo. Não acho que seja o nosso propósito de vida, porque até esse propósito varia com o tempo. Nosso propósito aos 5 anos de idade não é o mesmo dos 15, nem dos 25, tampouco dos 55 ou 80. A nossa vida vai mudando, e as nossas necessidades também. Não se trata de ter um único propósito salvador dos céus e da terra, como o de fazer o bem e despertar todos os seres. É preciso questionar como estamos e se estamos fazendo isso. Quais são as técnicas utilizadas? Quais são as escolas, as experiências que podem ser facilitadoras?

No meu Instagram, tenho três milhões de seguidores. Eu queria saber onde é que eles estão! Porque, quando falamos dos homens e das mulheres do passado, dos grandes líderes, eles tinham seguidores que os seguiam a pé. Já eu, por exemplo, não vendo três milhões de livros cada vez que lanço um novo título. Portanto, trata-se de uma fantasia, não de um número real.

Precisamos sempre refletir sobre o que ensina a minha superiora: perceber a realidade como ela é. Estar em contato com a realidade assim como ela é. Uma realidade que é fluida, e não fixa, e que, ao mesmo tempo, está toda interligada. Aquilo que o indivíduo faz, fala e pensa mexe na rede da vida. Como estamos mexendo nessa rede? O que podemos fazer para mexer nessa rede da forma mais adequada? Esse seria o estado de felicidade. Quando somos adequados às circunstâncias, ao lugar onde estamos, nos sentimos bem. Quando nos sentimos fora do lugar, inadequados, não ficamos bem. Portanto, acho que a felicidade tem alguma relação com essa ideia de estar adequado ao seu papel e à sua função naquele dia, naquele lugar e naquele momento.

Gustavo Arns – Viktor Frankl tem um papel muito importante nesse sentido. Médico psiquiatra judeu aprisionado em um campo de concentração pelos nazistas, escreveu um livro chamado *Em busca de sentido*,* em que relata suas experiências no campo de concentração e como sobreviveu. Ele fala em uma liberdade última do ser humano que ninguém nunca vai poder tirar, que é a liberdade espiritual de escolha. Mesmo nas piores condições, nas

---

* Publicado no Brasil em 1961 pela editora Vozes. (N.E.)

maiores adversidades, nós podemos escolher como vamos nos colocar diante delas, se vamos nos render e desistir da vida, se vamos nos aliar ao outro lado, como acontecia quando alguns prisioneiros ganhavam algum tipo de posição dentro do campo de concentração – Frankl chega a relatar que, às vezes, esses prisioneiros com algum tipo de poder eram piores do que os próprios nazistas –, ou se vamos enfrentar aquilo com dignidade, se seremos dignos do nosso sofrimento. Porque, se há sofrimento na vida, ele diz, esse sofrimento também deve ter sentido. Porque a vida em si tem sentido, e ela nos convida a essa reflexão a todo o momento. Frankl diz que o sentido da vida não é estático, ele muda momento a momento, exigindo de nós uma atitude.

Como a senhora disse, Monja, existe um propósito para nós com 5 anos de idade, com 10, com 15. Esse propósito vai se moldando ao longo do tempo. E a pergunta que Viktor Frankl faz é exatamente esta: a que a vida está nos convidando? Se o indivíduo não pode transformar aquilo que está fora dele, então a vida o está convidando a transformar a si mesmo, a forma como ele encara aquela situação. Essa é a base do que hoje a ciência estuda com relação a propósito. O professor Tal Ben-Shahar, quando fala de bem-estar espiritual, dentro da ciência, se refere ao sentido e ao significado que damos à nossa existência. A religião, a crença em Deus podem entregar sentido, mas podemos também encontrar esse sentido de muitas outras formas, como na profissão, na paternidade ou na maternidade, no trabalho voluntário e assim por diante. Nosso propósito pode ser realizado onde quer que estejamos. O que Frankl dizia, em 1946, é que a crise do nosso tempo, esse vazio existencial, é uma crise de sentido, é uma falta de significado. Ou seja, estamos procurando felicidade nos lugares errados.

Os estudos do professor **Shawn Achor**, autor do livro *O jeito Harvard de ser feliz*,* apontam para o fato de que, de alguma forma, a sociedade acredita que o sucesso vai nos levar à felicidade. Consciente ou inconscientemente, investimos tempo, esforço e energia na construção de sucesso, crentes de que, em algum momento, esse sucesso vai, naturalmente, nos fazer mais felizes. E o que esse professor comprova é que essa premissa está invertida. São as pessoas mais felizes que encontram mais sucesso em todas as áreas da vida. E o que ele quer dizer com pessoas mais felizes? Pessoas que gozam de boa saúde física, que encontram um espaço de equilíbrio emocional, que sabem lidar com a própria mente e, portanto, constroem bons relacionamentos e encontram sentido em sua existência. São pessoas felizes em um âmbito bem concreto, como a senhora colocou, Monja. É algo palpável, mensurável, inclusive. Por quê? Porque

---

*   Publicado em 2012 no Brasil pela editora Benvirá. (N.E.)

essas pessoas são capazes de construir relacionamentos íntimos de longo prazo, são capazes de construir uma vida social saudável. São pessoas que, nesse estado de equilíbrio interno, fazem as escolhas de longo prazo

São as pessoas mais felizes que encontram mais sucesso em todas as áreas da vida.

mais saudáveis para a sua existência. Disso tudo, derivar o sucesso profissional é quase lógico, mas se trata de um efeito colateral. Não é isso que elas estão procurando. Elas estão buscando esse estado interno de equilíbrio, de construção por meio de escolhas, de bem-estar físico, emocional, mental, relacional e espiritual. A partir daí, é claro que muito provavelmente elas terão mais chance de sucesso profissional do que quem não possui essas ferramentas. Porque elas gozam desse estado equilibrado, portanto, têm mais energia, vitalidade, determinação, agilidade de raciocínio, se dão melhor com os colegas de trabalho. Elas têm mais espaço para a criatividade, para a resiliência e tantos outros atributos que, naturalmente, vão levar também ao sucesso profissional.

Acho interessante a ideia de mensurar a felicidade, e uma pergunta que recebo bastante é se é realmente possível fazer isso. A ciência diz que sim. Além dos vários testes, *assessments* e instrumentos, como o viacharacter.org, temos estudos que hoje cruzam dados de diferentes formas. O autorrelato é algo importante, mas não dependemos mais unicamente dele. Existem exames que mensuram os níveis de diversos hormônios e neurotransmissores. Existe um estudo de Harvard, iniciado em 1938, conhecido como o estudo mais longo de bem-estar de que se tem notícia.* Além dos participantes, esse estudo entrevista também amigos, familiares e colegas de trabalho, e se utiliza de outros dados para conseguir informações mais acuradas.

Tem uma analogia muito interessante que é a seguinte: muito tempo atrás, quando não havia o termômetro, o relato de frio e calor era subjetivo. A percepção térmica era puramente subjetiva. Até que se inventou o termômetro, que mensura uma temperatura objetivamente. Para alguns, a sensação pode ser de calor, para outros, de frio. Portanto, existe um elemento subjetivo aí. Mas a temperatura é objetivamente mensurável hoje. Eu não duvido de que em breve tenhamos algum tipo de tecnologia que vá aferir objetivamente um número para o grau de felicidade que estamos sentindo, mesmo que a experiência em si continue sendo subjetiva.

A senhora comentou, Monja, sobre a angústia do dia a dia, sobre um vazio interno. Para mim, pessoalmente, esse foi um ponto importante na minha jornada de autoconhecimento, porque eu sempre associei essa angústia,

---

* The Harvard Study of Adult Development. Disponível na internet: https://www.adultdevelopmentstudy.org/. Acesso em: 16 set. 2024.

essa ansiedade, a algo externo. Percebi então que, hoje, posso estar angustiado porque tenho muita coisa para fazer no trabalho, porque acho que não vou dar conta, porque há contas demais no final do mês e não sei se vai ser possível arcar com elas. Mas o que acontece é que, no dia seguinte, essa angústia não vai estar mais ali, ainda que as contas continuem a chegar. Então, os dias passam e aquela angústia e ansiedade voltam. Quando me coloquei a refletir sobre isso, pude perceber que essa angústia e essa ansiedade não estavam associadas a algo externo que pareciam ser as fontes; tratava-se de algo interno. Abre-se, portanto, outro espaço de trabalho e de construção.

Assim como a senhora também comentou, ao mencionar minha tia-avó Zilda Arns, os cuidados com os filhos deveriam começar antes mesmo da concepção. Além dos traumas intergeracionais, isto é, que passam de geração para geração, hoje a psicologia trata também dos traumas gestacionais que a mãe passa para a criança ainda no ventre. Inclusive, já existem correntes que falam dos traumas do nascimento, do momento do parto, algo que foi historicamente ignorado pela psicologia tradicional. Mas a psicologia entende muito bem os traumas que acontecem por conta da amamentação, por exemplo. Sabemos, hoje, que amamentar sem olhar para o bebê, sem ter aquele momento de conexão, vai gerar uma ferida de falta de amor nessa criança. A psicologia concorda, portanto, que já nas primeiras horas de vida os traumas podem se formar, mas há correntes que entendem que isso pode acontecer ainda antes, no nascimento. **Stanislav Grof** fala bastante sobre os traumas do momento do parto.

Anteriormente, a senhora falou, Monja, da questão da realidade e da natureza. Isso me fez lembrar do **Roberto Crema**, reitor da Unipaz, de quem ouvi a seguinte frase: "Pediram a uma cerejeira que falasse de Deus, e ela floriu". A natureza da cerejeira é florir, e ela fala de Deus à medida que se realiza no mundo. Acho interessante esse paralelo com a natureza, porque, na filosofia, os gregos falavam do Divino, do Espiritual e até da própria felicidade – o importante era encontrar seu lugar no mundo. Os gregos associavam a natureza ao Cosmos, ao Divino. Porque, na natureza, cada elemento ocupa o seu devido lugar e é igualmente importante. Uma árvore que morre serve de alimento a outras árvores. Não existe desperdício, nada se joga fora. A nossa desconexão interna, a nossa desconexão com nós mesmos gera uma desconexão com o outro, que vai gerar uma desconexão com a nossa casa, o nosso planeta.

Tem um artigo de **Arianna Huffington**, publicado em seu LinkedIn,* em que ela fala que o *burnout* das pessoas

---

* Ver: https://www.linkedin.com/pulse/burned-out-people-keep-burning-planet-arianna-huffington/. Acesso em: 2 set. 2024.

está levando ao *burnout* do planeta. Pessoas esgotadas estão esgotando o planeta. O estilo de vida que construímos tem nos levado a esse cansaço. O que está acontecendo neuroquimicamente? Nosso cérebro opera na necessidade de sobrevivência do hoje, desta semana, deste mês. A área do cérebro responsável pelo raciocínio de longo prazo não está ativa, porque estamos no modo de sobrevivência. É impossível tomar boas decisões de longo prazo nesse modo. E é por essa razão que estamos esgotando o planeta. Existe uma relação entre o que vivemos e o que acontece à nossa volta. Nesse espaço de energia, do que flui de nós, quando nos transformamos, transformamos de fato o mundo.

A ciência da felicidade estuda hoje duas vias igualmente importantes: a compreensão da felicidade individual, subjetiva – ou seja, como nós mesmos descrevemos e percebemos o nosso bem-estar –, e a da felicidade coletiva. O meu bem-estar é impactado pelo bem-estar da minha família, dos meus vizinhos, dos meus colegas de trabalho, das pessoas em situação de rua com as quais me deparo cotidianamente. A situação dos animais de rua, da natureza, as calamidades, a pobreza – tudo isso impacta o meu bem-estar. Portanto, o nosso próximo passo é a construção da felicidade coletiva. Como, então, podemos construir sociedades mais felizes? Isso significa sociedades mais justas, pacíficas, colaborativas, inclusivas, que reconheçam diferenças e, inclusive, as entendam como importantes. Como podemos construir sociedades ambiental e economicamente mais equilibradas? Nos *rankings* da ONU, os países mais felizes são os nórdicos, que são justamente aqueles onde o abismo social é muito menor, onde há menos desigualdade. Fica claro que existe um papel para o poder público que é o de criar as melhores condições possíveis para que o indivíduo seja capaz de fazer as melhores escolhas na construção de sua felicidade. Mas é importante cuidar com o excesso de autorresponsabilização dos indivíduos, pois questões econômicas limitam as possibilidades de escolha.

Outro estudo que vale mencionar é o do pesquisador **Mihaly Csikszentmihalyi**, autor da teoria do *flow*, que começou a notar a dificuldade dos adultos no que chamou de contentamento. E como esses adultos encontravam algum contentamento quando se engajavam em determinada atividade. Então, seus estudos sobre o estado de *flow* – o engajamento de atenção que acontece em determinada atividade que traz esse estado interno de fluxo – referem-se, em um grau bem elevado, às atividades que realizamos que nos fazem perder a noção do tempo. Por que isso acontece? Porque quando nos engajamos naquilo que estamos fazendo, a mente relaxa. Nossa mente muitas vezes é agitada e preocupada. Quando ela encontra foco, encontra também um relaxamento, que é o estado de *flow*. As atividades que nos levam a esse estado também são bons indicativos de propósito. Como base da realização, temos o necessário engajamento com a atividade realizada.

Existe uma frase, atribuída ao mestre indiano **Sadhguru**, que diz: "Se a sua felicidade depende daquilo que está acontecendo fora de você, você será sempre escravo das situações externas". Tem a ver com o estado interno que somos capazes de construir. Mas isso acaba mesmo causando muita confusão de entendimento, como a senhora disse anteriormente, Monja, porque algumas pessoas podem pensar: "Puxa, então tenho que vender a minha casa e morar num barraco?". Não, não se trata disso. Não se trata de posse. Há ricos e pobres felizes, como há ricos e pobres infelizes. Também não é uma questão de ter ou não seguidores. É o significado que encontramos em nosso agir no mundo que pode trazer esse preenchimento interno.

Monja Coen – Lembrei de uma senhora bem idosa que vi na televisão. Uma pianista, que esteve em um campo de concentração durante a Segunda Guerra Mundial. Sobreviveu a todas as dificuldades afirmando: "Quando toco piano, sou livre. Não estou presa a lugar nenhum".

Nesse sentido, existe um aspecto que nos liberta, que nos coloca em outro lugar, que é por meio da arte. Estive com **João Carlos Martins**, e ele, quando a doença piorou, impossibilitando que tivesse mais agilidade nas mãos, tornou-se maestro. A arte nos dá foco, direção, um centro, e nos liberta de situações adversas. Um indivíduo não está preso porque se encontra, por exemplo, em uma cadeia, mas sim porque a sua mente o prende.

A arte, o esporte, os estudos filosóficos, os questionamentos existenciais são portais para a libertação da mente. Precisamos pensar, refletir, criar e, assim, estamos livres em qualquer lugar e em qualquer circunstância.

Ser feliz é ser livre?

Monja Coen – Um dos primeiros ensinamentos de Buda, que comentamos anteriormente, foi sobre libertar-se da ganância. O segundo foi sobre encontrar a satisfação, que se relaciona com o contentamento, mesmo durante as dificuldades. E eu costumo falar isso para as pessoas, mesmo para quem está em tratamento, se submetendo a uma quimioterapia, por exemplo. É difícil, dá enjoo, a pessoa passa mal. Mas é preciso pensar: "Estou viva. Se estou me sentindo enjoada, é porque estou viva. Se está doendo e incomodando, é porque tem vida em mim". Aprecie a sua vida.

Se pensarmos na infância, foi também um processo dolorido. Primeiro, os adultos grandalhões falando conosco. Mas criamos maneiras de nos relacionar com esses gigantes.

Depois, há os processos fisiológicos, como a troca dos dentes. Muita gente pode dizer que na infância foi livre e feliz. Não é verdade. Também passamos por dificuldades e sofrimentos, mas não ficamos presos a esse passado.

Tudo o que passamos faz com que sejamos quem somos agora. E podemos agradecer até pelas dificuldades e pelos problemas que atravessamos, porque eles foram nos moldando, nos transformando.

Minha superiora teve várias doenças nos últimos anos, de 2019 a 2023. E ela comentou o seguinte: "Agradeço ao Buda das Enfermidades. Porque o Buda das Enfermidades me transformou. Eu agora posso falar com pessoas nos hospitais de outra forma. Porque eu também fui uma paciente dessa doença que está alastrada pelo mundo. Não sou uma pessoa de fora que vem falar de forma diferente". Quando falamos de compaixão, de estar junto com o outro na alegria ou na dor, também é algo que nos faz bem.

Havia um jovem monge cuja irmã falecera. Ele já havia feito muitos enterros e estava sempre tentando acalentar e dar aconchego às outras pessoas. Mas, quando aconteceu com a irmã dele, uma jovem que morreu abruptamente em um acidente, ele ficou desesperado. No velório, ele chorava muito. Até que um colega se sentou a seu lado, encostou em seu ombro e chorou junto com ele. Aquilo foi estar junto, fez minimizar a dor. Quando estamos em um estado de dor, de tristeza, é preciso que alguém esteja triste junto conosco, porque, quando essa pessoa sai da tristeza, ela nos leva junto.

Buda ensinava: "Estar satisfeito é não ser escravizado pelos desejos". Algumas pessoas acreditam que ser feliz é ser livre, fazer o que quer, quando quer e do jeito que quer. Mas isso significa ser prisioneiro de seus apegos e desejos, não é a verdadeira liberdade. É uma falsa ideia de liberdade e felicidade. Muitas vezes, fazemos o que não gostaríamos de estar fazendo, mas nos dedicamos a isso porque é o melhor para todas as pessoas, não só para nós.

Buda também diz para apreciarmos a quietude. De vez em quando, precisamos sair da festança. Hoje, todo mundo quer estar sempre em relação, em festa, nas redes sociais. Eu previ um pouco isso. Disse que descobriríamos os celulares e ficaríamos enlouquecidos com esse brinquedo novo, até chegarmos à exaustão. Porque nossa mente tem limite. Vamos passar a selecionar mais o que vemos, onde nos relacionamos. Acredito que estamos chegando lá. Não se trata

Algumas pessoas acreditam que ser feliz é ser livre, fazer o que quer, quando quer e do jeito que quer. Mas isso significa ser prisioneiro de seus apegos e desejos, não é a verdadeira liberdade. É uma falsa ideia de liberdade e felicidade.

de desistir das redes sociais, mas de usá-las com parcimônia, adequação.

E, então, Buda fala da diligência, do esforço correto. O indivíduo não pode desistir de si mesmo. Sabe qual exemplo Buda dava? "Água mole em pedra dura tanto bate até que fura." Quando li isso, pensei: "Não acredito que Buda falou isso". Que é não desistir do seu propósito, do seu desejo de saber mais. Como é importante para nós, seres humanos, desenvolvermos não só a inteligência, mas a capacidade de percepção da realidade. E, quando achamos que já sabemos tudo, ainda falta, há mais para ser compreendido. Mais pesquisas a serem feitas, mais diferentes áreas do conhecimento que se agregam para nos fazer sentir bem.

Nós gostamos de ser formados, de ter alguém cuidando de nós, alguém a nos educar. O professor **Mario Sergio Cortella** insiste muito nisso, na formação – que não é treinamento. É preciso formar pedagogos, professores para formar seres humanos completos. Mas sempre faltará alguma coisa. E esse lugar da falta é o lugar do crescimento, da possibilidade, daquilo que é possível. Não é necessário fechar todas as lacunas, é bom que haja espaço. É importante que tenhamos alguma insatisfação que nos leve à procura de algo. Procura de sentido, de tentar entender o que é vida-morte. E, às vezes, precisamos apenas ficar quietos. Não é só estar em relação o tempo todo, mas encontrar o silêncio dentro de nós. E praticar o *samadhi*, a sabedoria, porque ela, assim como todo o resto, deve ser cultivada.

A felicidade é o cultivo de sabedoria, de compaixão, de bem-estar, de compreensão. Sabedoria é uma compreensão profunda da realidade, e essa compreensão nos faz bem. O nirvana é esse estado de tranquilidade e paz, que é acessado por meio de práticas para desenvolver a sabedoria, a meditação, o olhar profundo para si e para a realidade, o compartilhar amoroso, o cuidado compassivo consigo e com as pessoas à sua volta.

Buda faz uma analogia entre a sabedoria e um navio que consegue atravessar o oceano do nascimento, da velhice, da doença e da morte. A vida é isso. Nascimento, velhice, doença e morte. Como estamos atravessando a vida? Podemos encontrar a sabedoria, esse lugar que nos faz atravessar a jornada, com tranquilidade. Mesmo que passemos por tormentas, que a água entre no barco, se fizermos o voto de bodisatva,* o voto de fazer o bem a todos os seres, tiraremos a água do barco nem que seja com as mãos, e tentaremos chegar a outra margem. Falamos muito sobre isso no budismo, que algumas pessoas estão na margem do

---

* "Seres são inumeráveis, faço o voto de salvá-los.
Apegos são inexauríveis, faço o voto de extingui-los.
Portais do Darma são inumeráveis, faço o voto de apreendê-los.
O caminho de Buda é insuperável, faço o voto de me tornar esse caminho."

sofrimento, da insatisfação. E há outra margem, a margem do bem-estar, da plenitude, da felicidade. Mas é preciso atravessar as dificuldades, os grandes desertos. Há momentos de prática em que parece não estar acontecendo nada: "Eu não quero mais meditar, Monja. Não está acontecendo nada. No começo era tão divertido, aprendi tanta coisa. Mas de repente virou um deserto".

Precisamos atravessar o deserto e apreciar a água doce do oásis. Se estamos no meio da água o tempo todo, nem percebemos que ela é doce. Se não sentimos sede, não percebemos a doçura e a beleza de uma gota de água – uma gota de água pura, que não é contaminada, que não tem mercúrio, que não é maculada por coisa alguma. A água pura não tem sabor, não tem gosto. Não tem dentro nem fora. É preciso encontrar em si esse estado de pureza e evitar discussões à toa, por exemplo. Tem gente que discute por política, por time de futebol. Há pessoas que foram se manifestar publicamente e apanharam porque estavam contentes. Há algo errado na nossa sociedade, sim, e não é apenas em nós, indivíduos. Por isso, gostei muito quando você comentou, Gustavo, que o nosso *burnout* é o *burnout* do planeta. E vice-versa.

Estamos em interrelação com tudo o que existe. Nosso estado de plenitude, de bem-estar, de felicidade tem relação com esse todo. Não sei como as pessoas podem cortar uma árvore e não sentir nada. Eu tenho uma cerejeira em meu jardim que veio bem pequena de Minas Gerais e agora é uma árvore alta, frondosa, mas pegou cupim. E por que há cupim nas cidades? Porque invadimos as áreas sem o devido cuidado.

Havia cupim no terreno de um vizinho, e esse cupim pegou a minha árvore. Tive que chamar uma pessoa que a mutilou. Ela não morreu, está sobrevivendo a todos esses cupins, mas precisamos cortar alguns pedaços para isso. São coisas que temos que fazer na vida. Há aspectos em nossa maneira de estar no mundo que não podemos seguir cultivando.

No budismo, falamos de uma grande memória de tudo o que existiu, existe e existirá. Nessa memória, há todas as sementes possíveis, do bem, do mal, da alegria, da tristeza, da felicidade, da infelicidade, do rancor, da dúvida. Quando uma dessas sementes que não são benéficas vem à consciência, temos que praticar a plena atenção e chamar uma outra semente. Precisamos perceber que essas energias prejudiciais, o oposto do bem-estar, estão em nós também. Mas não devemos exterminá-las. Temos que abraçá-las e transformá-las, transmutá-las. Abraçar a nossa indignação, a nossa raiva. Precisamos dessa raiva, dessa indignação para sobreviver. Só sobrevivemos porque isso existe em nós. Mas não precisamos disso agora. Podemos colocar a nossa raiva no colo, como se fosse um bebezinho esperneando, e acalmá-la. Não há nada em mim, ser humano, que eu queira exterminar. Tudo que possa surgir em nós faz parte da natureza verdadeira de um ser humano. Mas podemos escolher o que desejamos desenvolver ou não. Essa é a grande diferença.

Tudo que possa surgir em nós faz parte da natureza verdadeira de um ser humano. Mas podemos escolher o que desejamos desenvolver ou não. Essa é a grande diferença.

As práticas espirituais, filosóficas, meditativas nos fazem perceber o que está emergindo na nossa consciência. Nessa pequena consciência que achamos que é tudo, mas que é um pedaço mínimo. O que emergiu que pode não ser benéfico? E se está nos atormentando, se está causando desarmonia na sociedade, no mundo, na família, na nossa casa, devemos reconhecer que isso faz parte do ser humano, da natureza humana. Mas também reconhecer que, neste momento, não queremos desenvolver esse aspecto. São poucas as pessoas no mundo que estão treinando essa condição. Como tornamos isso acessível a todas elas? Porque há quem more em um barraco na periferia, em uma comunidade carente, e conseguiu encontrar esse estado de satisfação, de plenitude, de sabedoria, de compaixão. Que compartilha a comida com o vizinho, por exemplo. Existem pessoas vivendo isso. Mas existem aquelas que são incapazes de partilhar um gesto, um olhar.

Para ser feliz de fato e encontrar esse estado de bem-estar, é preciso despertar. Despertar não significa tirar a própria roupa e dá-la para uma pessoa na rua; trata-se de criar condições para que haja suficiência. Essa é uma das regras estabelecidas pelo rei do Butão. Lá, o mais importante é a felicidade interna bruta, não o produto interno bruto. Costumamos confundir as coisas. Quando começa um novo governo, todos se interessam em saber quem será o ministro da Fazenda. O mais importante, então, é o dinheiro a ser produzido no país? Não. Deveríamos nos preocupar é com formar seres humanos que conhecem o contentamento, que têm prazer na existência e, por isso, vão produzir de forma mais elevada. Que são capazes de cooperar uns com os outros.

Certa vez, fui ministrar palestra em uma empresa, e me disseram que, para trabalhar ali, as pessoas tinham que assinar um termo de *compliance*, que nada mais é do que um código de ética. Fiquei pensando: precisamos assinar um termo desses para trabalhar? Nós perdemos a ética, a noção de vida comunitária, de colaboração e de compartilhamento. Se a empresa, o país ou a cidade onde moramos cresce, nós crescemos também. Mas estamos ficando tão pequenos, individualistas. Por isso, obter sucesso, esse ganho, não leva ninguém à plenitude, ao nirvana, ao estado de paz e tranquilidade. Pelo contrário, conduz ao desassossego, como dizia **Fernando Pessoa**. No *Livro do desassossego*,* estão todos desassossegados, porque estão uns competindo com os outros – embora um pouco de competição possa ser saudável, quando nos leva adiante. Por exemplo, fiquei cerca de 20 anos sem nadar. Quando voltei, um jovem entrou na raia ao meu lado. Ele devia ter uns 20 anos, eu já estava com mais de 60 e sem nadar há muito tempo. Então, comecei a competir com o menino, e isso foi bom para mim, porque nadei melhor. Nesse sentido, a competição como um estímulo para ser melhor é boa. Mas eu não quis afogar o menino, não joguei praga para ele nunca mais nadar – nada disso.

Existe uma provocação que leva o outro a ser melhor, a dar mais de si, a ir além. É possível sair desse estado de negação da realidade, de negação do prazer da existência, de que não tem jeito, de que o mundo está perdido. É possível sair desse lugar, dar instrumentos para isso. Esses instrumentos podem ser usados de diferentes maneiras. Como se desenvolve a capacidade de ser feliz? É preciso desenvolvê-la, não se trata de algo inato. Como estimular nos

---

* Publicado no Brasil pela Companhia das Letras. (N.E.)

outros aquilo que leva a um estado superior de consciência? Porque podemos fazer o contrário, ou seja, estimular uma pessoa a se sentir inferior, e aí se tem o controle dela. A pessoa aflita, desesperada é fácil de ser controlada. Já uma pessoa verdadeiramente livre, contente é difícil de ser controlada por um governo, ou por determinada situação. Precisamos estar atentos, porque, conforme nossa intenção, podemos libertar ou levar grande sofrimento para muita gente.

Quando alguém diz: "Vamos procurar meios pacíficos de fazer diplomacia para acabar com a guerra", a pessoa é chamada de louca. O **Papa Francisco** pede que encontremos meios de parar a guerra, parar de bombardear uns aos outros. Porque bombardear pessoas, casas, edifícios prejudica também os animais, a terra, o solo, que se torna infértil. Tudo está sendo aniquilado. E nós recebemos as influências de tudo o que acontece, ainda que seja do outro lado do planeta. Porque o planeta é uma coisa só. Nós não vamos fazer um esforço para que haja paz? **Hitler**, por exemplo, representava o pensamento de um monte de gente maluca que fez um horror. Não podemos deixar que isso se repita. Por isso, temos que estimular outra forma de ser, de pensar e de estar no mundo. A felicidade tem relação com ser e com estar também.

Gustavo Arns – Um dos pilares da ciência da felicidade é a psicologia positiva, que surgiu nos Estados Unidos. Lá, existe um único verbo para *ser* e *estar*, que é *to be*. Nesse sentido, essa ciência nunca parou para fazer uma distinção se a felicidade é do campo do ser ou do estar. Aqui temos mais uma nuance da complexidade do tema. A própria língua pode criar novas necessidades de compreensão à medida que nos perguntamos a diferença entre estar e ser feliz.

Felicidade tóxica

Monja Coen – Um monge japonês veio ao Brasil e alguém lhe perguntou durante sua palestra: "O que fazemos com a raiva? Como a exterminamos". Ao que ele respondeu: "Mas a raiva é natural, faz parte da natureza humana. Agora, o que a pessoa faz com a raiva, aí é outra história. Não devemos matar, bater, xingar. Mas está tudo bem em senti-la".

Às vezes, as pessoas dizem que querem ir para o campo para entrar em contato com a natureza, e se esquecem que este corpo aqui é a natureza. Entrar em contato com nós mesmos é entrar em contato com a natureza.

Gustavo Arns – Todas as emoções fazem parte da vida. Mas, quando não são acolhidas, elas acabam sendo invalidadas. Em vez de chorar junto conosco, muitas vezes a pessoa ao nosso lado acaba invalidando a emoção que estamos sentindo. Muitos adultos dizem para as crianças: "Ah, puxa, que bobagem! Não precisa ficar triste por isso". Nesse sentido, o excesso de positividade pode trazer danos, quando escondemos nossos sentimentos sob o falso pretexto de estarmos bem. É preciso, então, tomar cuidado com certas falas que, obviamente, não são por mal. É a forma que, muitas vezes, imaginamos que pode ajudar o outro. Quando, na verdade, o outro precisa do acolhimento, da empatia, da presença, do não julgamento. Porque a dor do outro por vezes nos é incompreensível. O que dói em um lugar íntimo, mais profundo, muitas vezes é diferente de uma pessoa para a outra. Por isso, precisamos tomar cuidado para não entendermos o positivo como o único lado da vida, o lado "certo". De novo, todas as emoções fazem parte da vida humana, e é preciso acolhê-las.

A positividade tóxica é fruto da ditadura da felicidade, algo que estamos vivendo atualmente. É uma crença de que devemos estar felizes o tempo todo. Nesse cenário, quando ficamos tristes, ainda por cima nos culpamos por essa tristeza. Mas, para termos um bom verão, precisamos de um bom inverno. A natureza também se recolhe. Nós somos a natureza, como a senhora falou muito bem, Monja. Como nós lidamos com a ansiedade? Acolhendo essa emoção.

Porque ela está nos trazendo uma mensagem. A ciência das emoções traz evidências de que todas elas têm o seu papel e querem nos dizer algo. Se estamos com raiva, ou nos sentimos impacientes, talvez tenhamos extrapolado os nossos limites. Talvez estejamos dormindo pouco, trabalhando demais, não nos alimentando direito. O corpo está mandando um recado, uma mensagem. O que acontece? Basta nos alimentarmos, por exemplo, e o mau humor desaparece. Descansamos, e a impaciência vai embora. Portanto, a raiva está dizendo algo, assim como a tristeza. A tristeza nos leva a reflexões muito profundas, que só ela é capaz. Já a felicidade, não. Muitas vezes é preciso uma tristeza profunda para tomarmos uma decisão importante. Quanto antes ouvirmos o que a tristeza está querendo nos dizer, melhor.

Para termos um bom verão, precisamos de um bom inverno. A natureza também se recolhe.

Os estudos da biologia têm avançado bastante nas questões de felicidade. A ciência sabe que parte da nossa felicidade é genética. Sem um teste adequado, é difícil saber individualmente o que a nossa genética quer dizer. Às vezes, a pessoa tem algum parente em tratamento para doenças de fundo emocional e mental, porém, isso não quer dizer nada sobre sua genética, porque estamos vivendo níveis de depressão pandêmicos, como classificados pela

OMS. Para os estudos da biologia, o que existe é o que foi ou é importante para a nossa sobrevivência. Não tem espaço para poesia, filosofia ou espiritualidade. A felicidade existe porque ela nos ajuda a cooperar, e isso é bom para a sobrevivência da espécie. Ponto-final. Se a felicidade não fosse boa para a sobrevivência da nossa espécie, não existiria. Mas o que é realmente bom para a sobrevivência da espécie é a pluralidade. As diferenciações que existem entre todos nós. É o que nos permite viver da África até a Antártida, da América do Sul à Oceania. Porque somos diversos e plurais. Portanto, é importante que existam os genes que carregam a felicidade, mas também é importante que existam os genes que carregam a negatividade.

Nossa capacidade de identificar problemas e perigos para nos precaver é muito importante para a nossa sobrevivência. Ou seja, a biologia diz que alguns de nós tem a propensão mais natural ao otimismo e à alegria, a enxergar o copo meio cheio. Enquanto outros têm uma propensão mais natural a enxergar o copo meio vazio. Estes são capazes de identificar obstáculos e desafios mais prontamente. Estudos de **Gabriele Oettingen** mostram que o pensamento positivo é importante, mas que em excesso pode fazer com que deixemos de calcular os riscos e obstáculos. Ela criou o termo "contraste mental", demonstrando que pensar positivo, visualizando um futuro de maneira otimista, é importante e que conjuntamente devemos pensar também nos obstáculos para realizar nosso plano e atingir nossa meta – essa combinação é a ideal. Por fim, a ciência da felicidade afirma que, independentemente do nosso ponto de partida genético, todos nós podemos trabalhar para desenvolver mais felicidade e bem-estar.

 É importante trazer aqui também o viés de comparação ou da ansiedade da referência, termos utilizados para referenciar um condicionamento mental. Um viés é uma forma como lemos a realidade. É também chamado de condicionamento, e todos nós possuímos diversos deles. O condicionamento é como óculos que vestimos para enxergar o mundo. E o viés de comparação é o fato de que tudo o que enxergamos da realidade é em comparação a algo. Nos esportes, isso fica muito nítido. No pódio, muitas vezes, o terceiro colocado está mais feliz que o segundo. Isso porque o segundo colocado acabou de perder; já o terceiro acabou de ganhar e está olhando para o lugar do pódio que alcançou. Portanto, o viés de comparação é esse no qual, em um momento, estamos felizes com algo e, no momento seguinte, não estamos mais, porque existe algo melhor que aquilo. Isso acontece inconscientemente. Por exemplo, por mais que saibamos que as redes sociais não representam a vida toda de uma pessoa, quando, no sábado à noite, percorremos o *feed** e encontramos cinco, seis, sete pessoas se divertindo jantando fora, aquilo acaba abalando a nossa satisfação com o nosso jantar. É algo inconsciente.

As pesquisas hoje mostram que, quanto mais horas um indivíduo passa na rede social, menor o seu nível de satisfação com a própria rotina. Quanto mais jovem, mais agressivo isso é. Porque os jovens passam mais tempo nas redes sociais e tendem a se comparar mais, pois o ego ainda está em formação, então são muito impactados por esse viés de comparação.

A neurocientista **Carla Tieppo**, tem um texto que diz: "Depois do açúcar refinado, da farinha branca, do sal marinho, das drogas sintéticas, do melhoramento genético, da *cannabis*, dos *videogames* e das redes sociais, seu sistema dopaminérgico aprende a desconsiderar o prazer de uma boa fruta, de um dia de trabalho ou de uma caminhada. Quando sua referência de experiência de alto valor agregado é um dia na Disney ou um jantar ultracalórico,

---

* Fluxo de conteúdo na internet, atualizado constantemente com textos, fotos e vídeos. (N.E.)

os dias comuns se tornam difíceis de viver. E o mercado de consumo está agora mesmo preparando o lançamento de seu novo agente altamente estimulante que você fará questão de consumir. (...) O pior efeito das coisas viciantes é como elas depreciam o valor de uma vida simples. Aí, quando o dia a dia se torna sufocante, há sempre uma nova droga para dar conta disso. Nada contra suas experiências de alto valor dopaminérgico, mas considero fundamental que você saiba de onde vem esse tédio insuportável que você sente longe delas".*

Monja, a senhora fez anteriormente um paralelo muito interessante entre felicidade e liberdade. E acho que esse é um ponto que precisamos ressaltar. Podemos pensar que liberdade é fazer o que quisermos e quando quisermos, mas, na verdade, isso nos torna escravos de nossos impulsos inconscientes, condicionados. Portanto, não é liberdade, pois estamos presos ao condicionamento. Nós somos livres porque somos capazes de fazer aquilo que precisa ser feito quando nos propomos a fazer. Existe aí uma diferença importante entre felicidade e prazer. O prazer é neuroquímico, é o estímulo aos receptores sensoriais. Quando damos uma colherada em um sorvete de chocolate, isso é prazeroso, porque estimula

---

* Ver: https://www.linkedin.com/posts/carlatieppo_depois-do-a%C3%A7ucar-refinado-da-farinha-branca-activity-6480038310273118208-bCAr/?originalSubdomain=pt. Acesso em: 2 set. 2024.

nossos receptores sensoriais. Já a sexta colherada pode não ser tão saborosa quanto a primeira. O prazer, por definição, é efêmero. Uma massagem de meia hora nas costas, uma vez por semana, pode ser gostoso. Agora, se passarmos cinco horas por dia recebendo massagem, já não será mais prazeroso. O prazer precisa ser raro, tem que acontecer para além da rotina do dia a dia. Isso é diferente da felicidade. A felicidade pode ser um pano de fundo para a existência. O que não quer dizer que estaremos alegres o tempo todo, mas que encontramos felicidade em suas diferentes nuances.

O prazer precisa ser raro, tem que acontecer para além da rotina do dia a dia. Isso é diferente da felicidade. A felicidade pode ser um pano de fundo para a existência. O que não quer dizer que estaremos alegres o tempo todo, mas que encontramos felicidade em suas diferentes nuances.

É importante lembrar que, na psicologia, o prazer pode ser positivamente orientado. Se fazemos uma refeição equilibrada, isso traz saúde, energia e disposição para o nosso corpo físico. Isso é o prazer maduro, positivamente orientado, de longo prazo. Mas existe também o prazer negativamente orientado. O prazer, por exemplo, de comer um sanduíche ultraprocessado. Pode até ser prazeroso no momento em que o consumimos, mas, na sequência, já não vai nos fazer bem. No dia seguinte, não sentiremos a vitalidade, a energia de que precisamos. É importante fazer essa diferenciação porque tem muita gente que fala "felicidade, para mim, é comer *pizza*". Trata-se de uma confusão entre felicidade e prazer, e entre aquilo que é o prazer positivamente orientado e negativamente orientado.

O I Congresso Internacional de Felicidade, que promovemos em novembro de 2016, encerrou com uma fala do querido sociólogo **Domenico De Masi**. Ele fez uma construção incrível sobre o que era a felicidade na Antiguidade, na Grécia e em Roma, depois no Ocidente, no Oriente etc. E finalizou trazendo a visão filosófica da dualidade. Nós sabemos, por exemplo, o que é calor, porque conhecemos o que é o frio. Eu conheço a felicidade porque conheço a infelicidade. Se eu não conhecesse a infelicidade, não conseguiria distinguir o que é felicidade.

No ano seguinte, na segunda edição desse congresso, sem saber dessa construção, a senhora, Monja, disse que a felicidade pode ser um grande pano de fundo para a nossa vida. Que podemos encontrar a felicidade inclusive na infelicidade. A senhora deu o exemplo da morte de um ente querido, nunca me esqueci disso. É importante passar pelo luto, pela tristeza, pelo pesar, pela apatia, pela raiva e por todas as suas fases. É parte natural da vida humana. Mesmo nesses momentos é possível encontrar a felicidade pela gratidão de ter vivido ao lado dessa pessoa. Novamente, a felicidade pode ir além dos momentos felizes, e conseguimos afastar um pouco esse olhar do que nos falta. Se olhamos o que nos falta e nos prendemos a isso, ficamos atados a esse lugar. O que a ciência da felicidade propõe é um equilíbrio de olhares. É olhar também para o lado positivo da vida humana. O lado negativo existe, é real, e precisamos olhar para ele. Mas o problema é que focamos demais o negativo. Se pedirmos para alguém fazer uma lista de cinco coisas em que precisa melhorar, ele saberá fazer. Agora, se pedirmos uma lista de cinco coisas nas quais ele é muito bom, a dificuldade aumenta. Porque o nosso olhar não está treinado para isso. Mas, quando vemos o que nos falta como uma oportunidade de melhoria, de crescimento, de autodesenvolvimento, até de um caminho para a espiritualidade, isso muda a forma como encaramos os desafios da vida.

Estudos* da pesquisadora **Ellen Langer**, de Harvard, feitos com camareiras, mostrou que a forma como encaramos o que fazemos tem um impacto significativo. A pesquisa selecionou camareiras e as separou em dois grupos. Um grupo continuou fazendo seu trabalho normalmente – era o grupo de controle. Já para o outro grupo de camareiras foi

---

* Ver: https://pubmed.ncbi.nlm.nih.gov/17425538/. Acesso em: 2 set. 2024.

dito o seguinte: "Preste atenção ao que você está fazendo, porque o seu trabalho é físico, é uma atividade física potente. Você trabalha como camareira, mas é como se passasse muitas horas na academia. Então, repare nos músculos que você está trabalhando e lembre-se de que você não está apenas trabalhando, mas fazendo uma boa atividade física para a sua saúde". Por incrível que pareça, esse último grupo desenvolveu musculatura, o tônus muscular dessas pessoas mudou. Elas perderam peso, se sentiram melhor e ganharam musculatura fazendo o que sempre fizeram. Enquanto o outro grupo permaneceu igual. Esse estudo mostra como, de fato, a forma como enxergamos aquilo que estamos vivendo tem um grande impacto na nossa vida.

Monja Coen – Acho importante ressaltar alguns pontos sobre os quais você falou, Gustavo. Primeiro, podemos educar as pessoas desde a primeira infância a conhecer as emoções que sentem. Não se trata de julgar, condenar ou aprovar as emoções, e sim reconhecê-las. Sabendo como são, como respondemos ao mundo?

Recebi um vídeo interessante de um senhor falando com o filho. O pai pergunta: "Você quer um chocolate?". Ao que o menino responde que sim. "Então, este aqui é seu. Agora, está vendo aqueles dois? Vou dar para o seu irmão. O que você acha disso?" O menino reclama: "Não é justo". "Como assim não é justo? Você não tinha nenhum chocolate e agora tem um. Por que você não acha justo? A vida não é justa. Algumas pessoas vão ter mais do que você. Mas não se preocupe com isso. Contente-se com aquilo que você recebeu em vez de ficar se comparando."

Meu primeiro professor de meditação *zazen* dizia: "Não se compare". Nós temos a forte tendência de nos comparar aos outros: "Fulano parece mais feliz do que eu, aquela pessoa é mais rica do que eu, tem mais coisas do que eu, mais alegria, mais habilidade". Nós nem sempre enxergamos as nossas habilidades ou agradecemos o que temos.

Há também quem se sinta melhor que os outros e sempre se compara para se engrandecer: "Sou melhor, mais santo, mais sábio, mais inteligente, menos apegado", e assim por diante.

Quando não nos comparamos podemos nos aceitar e aceitar outras pessoas assim como são. E esse ser como se é está em movimento e transformação. Cada encontro pode nos transformar. Isso é tão bonito.

Nossa tendência de perceber e de nos preocupar com o que é prejudicial está relacionada com a nossa sobrevivência. Precisamos saber o que é errado e os riscos que corremos para não sermos mortos, feridos. Precisamos saber o que é uma cobra venenosa e o que é uma cobra d'água. Não basta dizer que temos ou não medo de cobras. Temos que observar em profundidade e concluir com clareza o que realmente está acontecendo, tanto internamente como externamente.

Voltamos, então, à questão da felicidade tóxica, da ditadura da felicidade. Por que temos que ser felizes o tempo todo? Quando falamos em nirvana, em um estado de sabedoria, de plenitude, isso significa passar pelas várias oscilações da vida, de nascimento, morte, tristeza, alegria, sucesso, fracasso, ganho, perda, com certa equidade. Todos esses sentimentos que nos assolam fazem parte da nossa existência. Não podemos preferir um ao outro.

Há uma frase em japonês, de que gosto muito, e aqui traduzo: "Quanto mais brilhante for a luz da lua, mais profunda é a sombra do pinheiro". Isso é uma joia! Quanto mais brilhante for a lua, mais escura e mais longa será a sombra do pinheiro.

Isso é a nossa vida. Não é tudo riso e brincadeira. Temos a impressão de que felicidade é só quando estamos cantando, quando nosso time vence. Mas, um bom técnico pondera: "O que faltou? Onde nós podemos melhorar?". Esse é um bom técnico.

É importante perceber os erros. Não é errando que se aprende, mas corrigindo o erro. O professor Cortella é muito severo com isso. Se erramos e não percebemos, podemos repetir o mesmo erro. Mas, se percebemos que erramos, podemos evitar repetir aquele erro. Podemos até cometer outros erros, mas não o mesmo. Por isso, é importante a prática da atenção, da percepção do que está acontecendo conosco, de como a nossa mente funciona, de quais são os vários níveis de consciência e como se relacionam.

No budismo, dizemos que cada órgão do sentido é acompanhado por uma consciência. Além delas, há mais uma consciência, a que gerencia tudo o que entra pelos sentidos. E outra mais, cuja função é intermediar, levar e trazer informações entre o que experimentamos e um grande arquivo.

A consciência que leva e traz recebe as mensagens dos órgãos dos sentidos e as conduz até um grande arquivo, uma grande memória, uma grande nuvem. Dessa memória surge uma resposta, uma reação. O importante é que podemos perceber o processo, que é rapidíssimo. Ao percebê-lo, podemos escolher como responder às provocações do mundo, em vez de apenas reagir.

O monge vietnamita **Thich Nhat Hanh** explica isso lindamente. Todas as pequenas sementes que estão em nós e que são ativadas por algo vêm à nossa consciência. E não se trata de estar feliz o tempo todo. Há momentos de tristeza, de raiva, de insatisfação. Quando Buda fala sobre as quatro nobres verdades, que mencionei no início da conversa, a primeira delas é que a insatisfação existe. Em sânscrito, *dukkha*. E quais são as causas? Buda vai dizer que o nascimento, a velhice, a doença e a morte são causas de insatisfação. Mas há uma terceira nobre verdade importantíssima, que é o nirvana, um estado de paz e tranquilidade obtido por meio de um caminho que tem oito aspectos, como já falei no início. Trata-se de uma coisa só, mas, de forma didática, podemos dividi-la em oito nichos diferentes. O primeiro deles é a memória correta. Precisamos nos lembrar de quê? Da verdade. E qual é a verdade? Qual é o Darma? Qual é o ensinamento principal? Não há nada fixo nem permanente, tudo está em constante ebulição e transformação. Tudo está interligado, intercomunicando. O que nós fazemos, falamos e pensamos mexe nessa trama. Portanto, não somos apenas objeto, mas também o sujeito. Transformamos a realidade com o nosso olhar, com a nossa fala, com a nossa presença. Podemos transformar uma situação muito prejudicial, digamos assim, em uma situação de aprendizado que pode não apenas nos beneficiar, mas também outras pessoas.

    Recebi o anúncio de uma pessoa que faz próteses de mão gratuitas. Ela dizia: "Espalhe isso, diga para todo mundo. Nós temos próteses gratuitas". Veja que bonito! Há pessoas que não pensam no que vão ganhar, mas em como passaram pelo sofrimento. Sentem compaixão e tentam de alguma forma minimizar a dor do outro. E existem tantas coisas maravilhosas no mundo das quais não temos informações. Porque a mídia, a nossa maneira de estar no mundo, é muito focada no que é prejudicial, e isso pela própria sobrevivência, como eu disse antes. A psicanálise, a psicologia, a psicoterapia entendem isso.

    Por que temos que olhar para o que é prejudicial? Para não cairmos em armadilhas. Por isso, precisamos nos atentar às coisas prejudiciais. O problema é que, com isso, muitas vezes esquecemos de ver as coisas bonitas também, de ver a chuva caindo, por exemplo. Depois de tantos dias de calor insuportável, quando vem a chuva, o sentimento é de alívio. Mas, ao mesmo tempo, junto com ela vem a preocupação: e as áreas de alagamento? E as pessoas que perderam suas casas? É tudo simultâneo. Ficamos contentes com a chuva porque ela é boa para nós, é boa para as plantas. Mas e se chover demais e pessoas morrerem arrastadas pelas correntezas? Portanto, não é tudo bom nem tudo ruim, como tudo na existência.

    Temos que ser capazes de perceber as coisas de maneira ampla. Chamamos isso de entrar em contato com o Uno. Sempre que vivermos na dualidade, no dual, presos ao que divide, separa, nós estaremos em sofrimento.

    A dualidade tem relação com nos separarmos da realidade, do nosso corpo, dos nossos estados de consciência. A raiva, o rancor, a inveja são estados alterados de consciência. Nosso estado natural de consciência é neutro. A felicidade, como você fala, Gustavo, é um estado de compreensão maior do que apenas entender superficialmente o que está acontecendo agora.

Como podemos atuar na realidade de forma mais incisiva, para que ela se torne melhor para todos nós? Quando abrimos esse portal, como uma flor de lótus, quando esse olhar desabrocha para a realidade maior do que nós e incluímos todas as formas de vida, só assim podemos encontrar nosso bem-estar e o da nossa família.

Conheço uma história interessante de uma família muito certinha, digamos assim. O filho era amigo de uma criança vizinha, e os pais desta eram usuários de drogas, brigavam muito, se xingavam. Os pais do primeiro menino disseram ao filho: "Não queremos mais que você se encontre com o filho do vizinho. Você gosta dele, mas a família dele é louca. Você não pode ficar sob essa influência". Uma professora, então, se aproximou e disse o seguinte: "Vamos fazer o contrário? Por que não vão vocês na casa deles? Por que não se tornam amigos desse casal que está tão desestruturado? Por que não chamam o filho desse casal para que ele possa ver como vocês vivem? Por que vocês não mostram para esse menino e para esse casal que é possível viver de outro jeito?".

Isso é sabedoria e compaixão. Não podemos colocar nossos filhos dentro de uma redoma. Sempre estarão em contato com outras pessoas e situações. Podemos educá-los para questionar, filosofar, e fazer escolhas adequadas – inclusive a de querer fazer o bem a todos os seres.

A importância de estar presente

Monja Coen – Gostei muito de morar primeiro na Inglaterra e depois no Japão. Quando vivi na Inglaterra, percebi que as mulheres, ao contrário dos homens, se cumprimentavam sem dar as mãos. Algo parecido com o que se faz no Japão, abaixando a cabeça. Na época em que morei em Londres, há uns 40 anos, não tinha beijo, abraço, nem toque de mão entre mulheres e entre mulheres e homens.

Quando cheguei ao Japão, achei muito interessante. Eu tinha uma impressão errônea sobre o povo japonês, pois uma jovem conhecida havia ido ao Japão para aprender a costurar os hábitos monásticos. Ela voltou dizendo que o povo japonês era frio, porque não se beijavam nem se abraçavam. Mas, quando morei no Japão por 12 anos, achei o povo japonês muito acolhedor. As relações são quentes, amorosas, sem abraços e beijos, sem falar "eu te amo", mas demonstrando afeto e alegria nas relações, no reverenciar, no estar presente na relação.

Somos seres sensíveis e a pele é muito sensível. Não podemos perder essa sensibilidade. Se ficarmos abraçando e beijando todos, sem atenção, sem intenção verdadeira, perde-se o sentido. Às vezes, não estamos inteiros em um abraço. Mas, quando olhamos para alguém, mesmo sem tocá-lo, criamos um vínculo de intimidade maior, porque estamos inteiros para esse ser humano. Nossos olhos estão olhando os olhos dessa pessoa, mostramos a nossa alegria do encontro ou do reencontro e a nossa tristeza na despedida.

Gustavo Arns – Aqui no Brasil, o afeto e calor humano talvez sejam atributos culturais importantes para a felicidade, o que não acontece nos países nórdicos. Para nós é importante, mas para eles, não.

Monja Coen – É preciso compreender as diferentes culturas e não querer julgá-las com base na nossa própria. Abraçar é melhor do que abaixar a cabeça? Não. Abaixar a cabeça é melhor do que abraçar? Também não. A pergunta é: estamos inteiramente presentes ao encontrar alguém, ao cumprimentá-lo?

Thich Nhat Hanh diz que o maior presente que podemos dar a alguém é a nossa presença pura. É estar completamente presente para o outro. Não é conversar olhando pela janela, olhando para o celular, pensando no que faremos amanhã ou no que fizemos ontem.

Estar inteiramente presente para uma pessoa é o maior presente que podemos dar. Do que sentimos falta hoje? Do que as crianças sentem falta? Da presença. Estar presente para o filho, para a namorada, para o marido, para o irmão, para o amigo. Em uma palestra, em um evento, em uma relação de encontro, nós temos que estar presentes.

Gustavo Arns – Não somos capazes nem de experimentar algo prazeroso se não estivermos presentes naquele momento. O sabor de um sorvete muda completamente a depender se estamos na praia realmente saboreando o momento ou se estamos recebendo uma má notícia. O estado de presença é como uma musculatura que precisamos desenvolver com prática. Quanto melhor nossa qualidade de presença, mais somos capazes de saborear o prazer e de experimentar a felicidade. A felicidade requer o estado de presença. Nossa única chance de felicidade é no momento presente. Quando depositamos a felicidade em algum momento futuro, isso nos impede de realizá-la. Se não formos felizes agora, nada nos garante que seremos felizes nesse "quando": "Quando as crianças crescerem, quando eu tirar férias, quando chegar o fim de semana...". E esse momento vai sendo sempre adiado. Se a nossa felicidade

Nossa única chance de felicidade é no momento presente. Quando depositamos a felicidade em algum momento futuro, isso nos impede de realizá-la.

depende de uma viagem, o que acontece quando a mala não chega? Quando chove?

Conceituar o termo "felicidade" é difícil, e por isso, quando pensamos em felicidade, a associamos a momentos felizes e trocamos o conceito por um exemplo. É possível observar isso em reportagens. O repórter pergunta: "O que é felicidade para você?". A pessoa responde: "A felicidade para mim é um almoço de domingo com a família reunida". Essa confusão do conceito com o exemplo pode acabar gerando distorções. Se o domingo chega e a pessoa briga com o irmão, perde a paciência com o sobrinho, o que acontece com a felicidade? A felicidade não pode simplesmente deixar de existir. Precisamos compreender que o conceito vai para além do exemplo.

Muitas vezes, criamos ideias ilusórias para lidar com a dificuldade da realidade e para justamente não estarmos presentes. Se o dia a dia no trabalho está difícil, a pessoa começa a fantasiar com outro emprego, ou com morar na praia, sendo que pode nem gostar de areia. Nutrir o estado de presença é muito importante, e isso tem relação com as infinitas distrações que se apresentam atualmente e também com a dificuldade de suportarmos os desconfortos da vida. Tentamos resolver qualquer desconforto, por mínimo que seja, da forma mais rápida possível. Em vez de analisarmos a causa de uma dor de cabeça, de considerarmos uma mudança de estilo de vida que vá agir na raiz da questão, tomamos um comprimido seguidamente. E assim criamos esse estado de "hipermedicamentalização" que **Gilles Lipovetsky** descreve em seu livro *A felicidade paradoxal*.*

Monja Coen – Os grupos zen-budistas nos Estados Unidos fazem algo que foi aprendido com os povos originários da América do Norte, a chamada roda do Darma. Sentam-se em círculo, porque nele não há ninguém acima nem abaixo. Todos se tratam como semelhantes, têm o mesmo peso, o mesmo valor. Quando um fala, o outro silencia e escuta. E escutar não é pensar no que vai falar depois, mas apenas ouvir. Às vezes, um objeto é posto no meio da roda. Alguém o pega e diz: "Agora o objeto da fala está comigo. Vou apresentar o meu ponto de vista". Para que se faz isso? Para evitar atritos, para aprender a ouvir e entender, aprender a dialogar.

Quando há duas pessoas que não estão se entendendo, que estão brigando muito, elas são colocadas no centro da roda, com a seguinte orientação: "Fale para essa pessoa tudo

---

* Publicado no Brasil em 2007 pela editora Companhia das Letras. (N.E.)

o que você pensa dela. Fale tudo". E a outra pessoa tem que apenas ouvir. Porque é preciso compreender o ponto de vista do outro, que não é o seu. Depois, essa outra pessoa expõe seu ponto de vista. Mas isso precisa ser feito por orientadores, com muita delicadeza, por especialistas, psicólogos, psicanalistas, profissionais que estão acostumados a lidar com esse coletivo de maneira que uma pessoa não fique com raiva da outra, mas que possa expor o seu olhar para a realidade e ser capaz de ouvir o que o outro pensa.

Por exemplo, um bombeiro vê uma sala de um jeito, um arquiteto de outro, e um artista plástico de outra maneira. Cada um de nós tem um olhar diferente para a mesma sala, porque fomos treinados, fomos educados a prestar atenção em alguns aspectos.

No budismo, ensinamos que há seis caminhos para sair da margem do sofrimento, da ignorância e acessar a margem da sabedoria – são chamados de os seis paramitas. Paramita é o que nos leva a atravessar o oceano do nascimento, da velhice, da doença e da morte como se estivéssemos em uma jangada ou em um barco forte.

Sobre o primeiro paramita, já comentei aqui, é *dana*, a doação. O segundo deles é uma vida ética, comprometer-se a fazer o bem ao maior número de seres, a não fazer o mal. Isso inclui não matar, não roubar, não abusar da sexualidade, não mentir, não negociar intoxicantes, não falar de erros e faltas alheios, não se achar melhor nem pior do que os outros, tampouco igual – esse é outro ponto importante. Não somos iguais, mas semelhantes. Nossas necessidades não são exatamente as mesmas, não só pela genética, mas também pela educação, pela etnia, pelas questões sociais, políticas e econômicas do nosso crescimento e da nossa sociedade. Também não devemos ser controlados pela ganância nem pela raiva, e nunca falar mal da preciosidade que são os seres despertos – Budas –, dos ensinamentos – Darma – e da comunidade de praticantes – a Sanga. Esses são os dez preceitos de prática, os dez compromissos que um budista faz. E são apenas o segundo dos seis paramitas.

Lembro do meu avô dizendo que contratos eram desnecessários, pois a palavra tinha valor. Hoje, perdemos essa confiança. Damos a palavra, mas podemos quebrá-la, não há importância, porque deixamos de ser éticos. Mas a vida ética é nirvana.

Viver de forma ética é estar tranquilo, de bem conosco e com o mundo, porque não teremos contado uma mentira da qual teríamos que nos lembrar depois. Não ficaremos aflitos, desesperados, porque não teremos feito nada de errado. Portanto, a vida ética nos liberta. Temos que ser verdadeiros, perceber o que é adequado, e não aquilo que achamos que é bom para nós, e sim que é bom para o grupo no qual estamos inseridos. Não é o nosso valor que precisa prevalecer.

Conheço uma história interessante de dois monges que vão atravessar um rio e encontram uma moça que lhes pede ajuda: "Eu não sei nadar. Vocês me ajudam a atravessar o rio?". Ao que um deles responde: "De jeito nenhum. Nós não podemos tocar em mulher. É proibido. O problema é seu". Ele nada e atravessa o rio, enquanto o outro decide levar a mulher nas costas. O primeiro monge fica furioso. Anda quilômetros de cara amarrada. Até que em um determinado ponto da caminhada, o outro monge pergunta: "Por que você está tão bravo?". "Porque você quebrou o preceito, não fale mais comigo. Você tocou naquela mulher." "Eu a toquei e a deixei na outra margem do rio. E você não conseguiu largá-la até agora. Será que isso não é mais grave do que o que eu fiz? Eu ajudei um ser humano. Não perguntei se era homem ou mulher. Era uma pessoa em necessidade. Mas você viu apenas uma mulher, e considerou que eu quebrei um preceito."

Precisamos ter cuidado com a forma como interpretamos os ensinamentos de qualquer tradição, porque, algumas vezes, querer manter uma regra pode significar quebrar a regra maior – o bem da vida.

O terceiro paramita é *viriya*, que é a ideia de não desistir. É ter persistência, resiliência, tentar outra vez e mais outra. O quarto paramita é *ksanthi*, que é a paciência. Nós temos que aprender e desenvolver a paciência. É assim que vamos construindo essa condição de felicidade, de um bem-estar maior para um maior número de seres, tal como a história do passarinho que molha o bico na água para apagar um incêndio: ele pode se queimar, mas vai tentar fazê-lo. É da natureza dele tentar. Minha superiora costuma dizer que vivemos pelo voto de fazer bem a todos os seres. Se estamos em um barco que está afundando, tiramos a água com a mão. Mesmo que isso não seja eficiente, precisamos tentar.

O quinto paramita é o esforço correto. Às vezes, nós fazemos o esforço do lado errado. Em vez de fazer esforço para a direção desejada, fazemos força para o outro lado e não chegamos nunca à outra margem.

O sexto paramita é *prajna*, a sabedoria, conquistada por meio da reflexão e da meditação. *Prajna Paramita* é a sabedoria completa, a sabedoria perfeita, a sabedoria que nos leva à margem correta. É uma compreensão profunda e abrangente, tão ampla e profunda quanto os oceanos, e que nós, humanos, podemos acessar. Mas, para isso, temos que praticar, desejar, ir atrás, procurar tradições, meios hábeis. Não significa que nascemos com ela; trata-se de algo que pode ser treinado, estimulado. Cabe a nós estimular pessoas a não desistir da jornada. Minha superiora sempre dizia para ter urgência, não pressa, de chegar ao objetivo. Seguir passo a passo, apreciando o caminho.

Seis paramitas: doação, vida ética, tolerância, resiliência, meditação e sabedoria. A prática desses seis paramitas é a condição da própria travessia, de atravessar o rio de nascimento, velhice, doença e morte com tranquilidade, para deixar a margem do sofrimento e chegar até a margem da sabedoria, que liberta.

Contentar-se com a existência

Monja Coen – Eu tive um praticante zen que me deixava incomodada. Era uma pessoa boníssima, muito dedicada, educada. Entretanto, ele estava sempre sorrindo e dizendo que nada o afetava. Perguntei: "Você nunca fica bravo?". Ao que ele respondeu: "Não". "Quando seus filhos fazem alguma coisa que você acha inapropriado, o que você faz?" "Eu converso com eles." Insisti: "Você nunca fica bravo? Tem certeza? Será que está pondo uma máscara, uma cabeça em cima da sua?". Porque é claro que ficamos bravos. É claro que ficamos indignados com abusos quer seja a nós ou à natureza, à vida.

Ele, entretanto, se negava a sentir raiva ou indignação. Afinal, havia criado para si a ideia de ser um homem bom, controlado, amoroso, educado. Sua fala era de voz mansa e sempre de cabeça baixa. Eu disse: "Levante a sua cabeça! Coloque os ombros para trás. Ande na rua como um homem, como um Buda". Um dia, o provoquei muito, e ele finalmente ficou bravo, irritado e me respondeu com certa rudeza – ainda tentando sorrir e falar em tom baixo. A máscara deixou entrever o ser humano saudável por trás da aparência santa.

Alguém que não tem emoções, em quem nada provoca indignação, é uma pessoa doente. É como algumas pessoas que não sentem dor. Uma pessoa que não sente dor pode morrer por isso.

Sentir as emoções é importante. O que fazemos com elas? O que fazemos com o que a vida fez de nós? Como transformamos isso? Muitas vezes recebemos flechadas. Não vamos colocar outra flecha em cima e ficar cutucando a ferida. Como removemos a flecha? Como removemos essa dor?

Minha superiora, no mosteiro feminino de Nagoya, nos contou uma história interessante. Ela é professora da cerimônia de chá. Algumas vezes, estavam todos reunidos, alegres e conversando, fazendo chá, quando chegava uma senhora sombria. Todos ficavam quietos. Ela entrava com uma cara sombria, uma aparência triste e não via graça em nada. Aquela atitude contagiava o grupo.

Minha superiora nos contou que, quando ela via essa senhora chegar, falava consigo mesma: "Tomara que eu não me torne uma pessoa assim. Tomara que eu possa ser uma pessoa diferente; que, quando eu chegue a algum lugar, as pessoas se alegrem".

A tristeza existe, mas não devemos ficar presos a esse estado. O luto existe, como você trouxe anteriormente, Gustavo, e é importante atravessá-lo, sentir a dor da perda de alguém. Mas um tanto dessa pessoa de que gostamos e se foi vive em nós. Não são apenas memórias. Digo que, sempre que vou comer, minha mãe vai junto comigo. Minha mãe morreu faz tempo, mas quem faz o meu prato é ela.

Nossa sociedade culpa os pais pelas coisas que não estão dando certo na vida. Será que eles realmente são os únicos responsáveis? Será que não é possível desabrochar, ainda que sua família seja perversa? Que sua mãe tenha ciúmes e inveja de você? Que seu pai seja abusivo? Como dar a volta nisso? Como perceber aquilo que não queremos ser?

Existe uma maneira de ser que é sombria, triste, rabugenta, infeliz. Isso é ego. É egoísmo. Autenticamos que o mundo é infeliz e perverso porque acreditamos nisso, e tomamos todos os elementos que pudermos da realidade para confirmar a nossa tese. Veja, há pessoas que ficam felizes ao provar a infelicidade. Elas se sentem felizes ao provar que é impossível ser feliz! São felizes ao querer provar para o mundo que a humanidade não tem jeito!

As pessoas que não são capazes de ver a realidade como ela é acham que o mundo está em chamas, que está acabando, que não tem jeito. Falar que não tem jeito é não ter resiliência, não ter *viriya*, não ter capacidade de suportar o que é quase insuportável. Digo que a resiliência deve ser como a das ameixeiras. Elas parecem árvores secas nos países frios, quando, de repente, desabrocham. Em meio à neve, vemos uma florzinha branca perfumada, a vida que estava lá escondida e se renova. Como não acreditar na humanidade? Como não acreditar no DNA humano?

Há pessoas que não acreditam em nenhuma deidade, em nenhuma tradição espiritual, e podem até ridicularizar todas as filosofias. Está tudo bem. É direito delas. Mas o que as teria feito chegar a essa conclusão? Será que algum dia irão modificar a maneira de pensar e sentir? Afinal, nada é fixo ou permanente.

Mas, mesmo essas pessoas que não creem em nada, será que negam também que o DNA humano quer sobreviver? Para esse DNA sobreviver, precisamos mudar o olhar para a realidade. Porque, se não houver mudanças, não teremos planeta Terra para sobreviver.

Quando nosso olhar muda de um olhar agressivo e violento para um olhar de cuidado, respeito, inclusão, nos sentimos bem. Passamos a emitir energia bondosa à nossa volta. Aguardaremos na fila do banco, por exemplo, sem reclamar de quem está na nossa frente falando com o caixa. Porque pode ser uma senhora idosa que mora sozinha, e a única relação de amizade que ela tem é com o caixa do banco, aonde ela vai todos os meses receber a aposentadoria.

Podemos ter pressa, urgência, mas não devemos criar uma atmosfera de infelicidade, de desarmonia. Somos capazes de sentir ternura, compaixão, compreensão, sabedoria. De perceber que aqueles minutinhos a mais de conversa com o caixa do banco podem fazer com que aquela senhora fique bem. E, se ela ficar bem, o caixa também vai ficar bem e nos tratar bem. Reclamar pode causar desarmonia. Nós nos contagiamos com coisas boas ou ruins. Precisamos começar a perceber e cuidar. É treinamento – como tudo mais. Educação, formação, sutileza de percepção.

A felicidade, que chamamos de nirvana, não significa um estado de contentamento permanente. Significa paz, tranquilidade para lidar com as emoções, com as situações que encontramos, tanto quando ficamos tristes, bravos, com raiva, como quando nos entusiasmamos e rimos alto.

Podemos perceber e trabalhar a nossa tristeza, a nossa insatisfação, a nossa raiva, e todas as emoções prejudiciais que estão em nós. Podemos também perceber e trabalhar

A felicidade, que chamamos de nirvana, não significa um estado de contentamento permanente. Significa paz, tranquilidade para lidar com as emoções, com as situações que encontramos, tanto quando ficamos tristes, bravos, com raiva, como quando nos entusiasmamos e rimos alto.

a nossa alegria, a satisfação, o contentamento e as emoções benéficas que estão em nós.

No mosteiro, minha atividade física era a faxina. No Japão, não existe rodo, só se pode passar o pano no chão com as mãos e correndo para a frente na ponta dos pés. Os joelhos não tocam o chão. E é preciso torcer o pano de tal forma que ele tenha o nível exato de umidade para deslizar pelas tábuas de madeira. As tábuas de madeira e as escadas do mosteiro são brilhantes, a impressão que temos é de que foi passado algum produto para dar brilho. Mas esse brilho não vem de nenhum produto químico, e sim de séculos de pano úmido passado com a força do corpo.

Aprende-se, então, uma maneira de fazer atividade física. Em vez de reclamar do cansaço, aprende-se a dignidade de estar limpando um templo sagrado. E usa-se esse momento para fazer um exercício de alongamento e flexibilidade. O corpo fica melhor. Há quem pense: "Eu sou mais do que isso, só quero limpar o altar". Mas no mosteiro ou no templo não existe lugar superior ou inferior. Onde está o sagrado? No pano que limpa. O pano que limpa a privada não é o pano que limpa o altar, não porque a privada seja inferior, mas porque ela tem germes, doenças. É só isso. Nada mais. São apenas qualidades diferentes, como as nossas emoções.

Vejo nas redes sociais que muitos jovens tiram uma fotografia de si mesmos e a modificam. Mudam os olhos, as sobrancelhas, o nariz. Criam um bonequinho e o distribuem pelas redes sociais. E acabam acreditando que são aquele bonequinho. Mas, quando olham a própria imagem no espelho, veem que aquela não é a imagem idealizada de si mesmos, alguns querem se matar.

Mais uma vez, é a ditadura da felicidade, de manter uma determinada aparência para ser aceito, de estar contente, sorrindo, mostrando fartura e lugares especiais. Como se fosse possível estar feliz o tempo todo e ter a aparência que outras pessoas consideram agradável.

Se não estivermos felizes hoje, é como se estivéssemos doentes, e logo nos empurram alguma coisa: do álcool à droga, de um chá natural a um remédio sintético, misturado com os algoritmos que nos fazem sentir bem. E lá vamos nós, novamente, procurar nos celulares o afeto, a ternura, a face que perdemos pelo caminho.

Meu pai tinha seis irmãos, era o mais novo deles. Quando a última de suas irmãs morreu, ele já estava com mais de 90 anos e ficou muito triste. Minha irmã mais nova, que à época morava com ele, queria algum medicamento para que ele não sofresse. Nós somos três irmãs e nos reunimos. A conclusão foi de que era natural sua tristeza, necessário o luto. É natural ficar triste quando a sua última irmã morre.

Nessa ocasião, meu pai comentou que todos achavam boa a morte dela, por morrer dormindo. Ele, entretanto, não concordava com isso, queria morrer acordado, sabendo que estava a morrer: "Eu quero ver o que é a morte. É a grande aventura da minha vida". Espero que, quando chegar aos meus 95 anos, como ele, eu possa dizer isso.

Qual é a grande aventura da vida? Entender o que é a morte e encontrá-la. Não é fugir dela nem ficar chorando e se lamentando pela falta de quem morre antes de nós. É saber que temos memórias incríveis dessas pessoas tão maravilhosas com as quais convivemos e que vivem em nós agora.

Há momentos de tristeza, mas existem outros momentos, os de perceber que estaremos sempre juntos, com nossos professores, amigos, orientadores. Com autores que nunca encontramos pessoalmente, mas que transformaram a nossa maneira de pensar. Quando eu era muito jovem, li **Nietzsche**, e o seu pensar modificou a minha visão da realidade.

Eu era repórter durante o governo militar. Pessoas desapareciam, havia tortura. Tive que dar a notícia para uma senhora de que o marido dela, segurança de um banco, havia sido assassinado. Não era bonito. Vivíamos em contato direto com um sofrimento muito intenso. Pensei comigo mesma: "Será que não tem um jeito de sair disso? Será que não há uma maneira de viver que seja diferente? Como podemos transformar a realidade por meio do respeito, sem violências e abusos? Deve ser possível paz e harmonia".

Participei de uma conversa sobre felicidade com um grupo. Uma pessoa me pediu: "Fale alguma coisa, Monja". Eu disse: "É possível ser feliz, gente". É possível ter mais leveza na vida. A vida é gostosa. Podemos apreciar até os momentos difíceis. Não é só apreciar quando tudo dá certo.

Quando não dá certo, temos que analisar e corrigir. Se alguém nos aponta uma falha naquilo que estamos fazendo, essa pessoa não é uma inimiga. Ela não está nos desmoralizando, não é pessoal. Quando as pessoas vêm muito agressivas em nossa direção, temos que sentir compaixão, porque elas não estão bem.

Também não devemos colocar nossa felicidade na dependência da relação com o outro: "Se a pessoa responde a mim de forma afetiva e bondosa, sou feliz, mas se ela vai embora, briga comigo, quero me matar, entro em um estado de desequilíbrio". O outro é *um* ser humano, se ele falha conosco a vida perde o sentido? Não pode ser. A vida não tem sentido por causa do amor ou do afeto de alguém, mas pelo nosso amor a ela. Pelo amor que sentimos por nós mesmos, pelo prazer na existência.

A felicidade e o bem-estar não podem depender de alguém, de uma situação, de uma condição fora de nós. Temos que encontrar o contentamento com a existência mesmo dormindo na calçada. Porque há quem esteja em um palácio de ouro, mas tomando um monte de medicamentos, porque não está bem. Porque não está atendendo à necessidade verdadeira de uma comunidade maior do que os seus carros, suas lanchas e afins. Está tão fechado em si mesmo, vivendo em um círculo tão pequenino, tão restrito de pessoas que só pensam nas suas riquezas e em expor o seu luxo, que perdeu o sentido maior da vida, que é a sabedoria e a compaixão – que é entender essa história do que é ser humano.

Gustavo Arns – Um estudo* conduzido por Sara Solnick e David Hemenway perguntou a estudantes norte-americanos: "O que você prefere, ganhar dez mil dólares

---

* Ver: https://www.sciencedirect.com/science/article/pii/S0167268198000894. Acesso em: 2 set. 2024.

e todos os outros ganharem sete mil, ou ganhar doze mil e todos os outros ganharem quinze mil?".* Grande parte dos estudantes preferiu ganhar menos, desde que fosse mais do que os seus pares. Isso reflete o quão ilógico nosso pensamento pode ser. Lembro de estar com alguns indígenas que falavam que a nossa ideia de justiça é muito ilusória. Diziam eles que a justiça do homem branco não pertence a este mundo.

A professora Sonja Lyubomirsky aponta alguns fatores que influenciam a nossa percepção de felicidade. Existem três principais. Um deles é a nossa condição genética. Outro são as chamadas atividades intencionais, isto é, nossas escolhas, e já falamos bastante sobre essa questão ao longo do livro. Por fim, temos as condições externas, que são muito menos importantes do que se imaginava. Mas são exatamente nessas condições externas que depositamos a nossa esperança de ser feliz. O país em que nascemos, nossa religião, o carro que dirigimos, o peso na balança, a cor dos cabelos – tudo isso, segundo a ciência, são condições externas que influenciam nosso bem-estar, mas muito menos do que se imagina. Os índices de depressão e ansiedade no Vale do Silício, por exemplo, são quase tão altos quanto os das favelas na Índia. É claro que precisamos ter cuidado para não fazer uma apologia

---

* Os valores aqui são hipotéticos.

à pobreza, porque não é essa a questão. Mas é a percepção de que o dinheiro, a riqueza e a fama por si sós não vão resolver todos os nossos problemas. A gente deposita nossa esperança de que um valor a mais no mês vai finalmente nos fazer felizes, mas, quando conseguimos esse ganho extra, o nosso estilo de vida muda. Aquele valor não faz a menor diferença. Mais uma vez, é a adaptação hedônica atuando e a nossa falsa ideia de felicidade. Como se o dinheiro fosse resolver nossos problemas de relacionamento e todas as nossas questões físicas, mentais, emocionais, relacionais etc. Portanto, precisamos parar de culpar o outro pela nossa infelicidade e assumir nossa autorresponsabilidade, fazendo as melhores escolhas dentro dessa construção. **Santo Agostinho** nos lembra que: "Felicidade é seguir desejando aquilo que já se possui".

Portanto, precisamos parar de culpar o outro pela nossa infelicidade e assumir nossa autorresponsabilidade, fazendo as melhores escolhas dentro dessa construção.

Levando a discussão para o aspecto coletivo, quando falamos de felicidade no trabalho, temos a importância da inclusão, da diversidade, da pluralidade. Eu lembro de certa vez estar na Fazenda da Toca, no interior de São Paulo, que à época pertencia ao **Pedro Paulo Diniz**. Ele tinha o propósito de mostrar que a permacultura* podia ser feita em larga escala. Porque vivemos sob o mito da monocultura, de que precisamos de pesticidas, senão vai todo mundo morrer de fome, já que uma praga é capaz de varrer tudo em pouco tempo. Por isso, há tanto pesticida, tantos químicos, na nossa comida. Tanta modificação genética que vem causando ainda mais doenças. Mas, quando temos uma natureza diversa, as pragas não varrem tudo, porque existe diversidade, existe um controle natural. Quando estive na Fazenda da Toca, a pergunta que fizeram foi: "Que tipo de monocultura estamos desenvolvendo em nossa sociedade que faz com que a tristeza seja uma praga que leva as pessoas a esses índices altíssimos de depressão?". O problema é justamente estarmos inseridos em uma monocultura. Nós precisamos da diversidade, da pluralidade, do pensar diferente, dos diferentes pontos de vista. Várias empresas já perceberam que isso é excelente para a produtividade, mas tem que ser bom também para o ser humano, para o nosso autodesenvolvimento. A questão financeira de produtividade é um efeito colateral bem-vindo, mas não deve ser o foco principal. Temos que focar o ser humano, e estamos fazendo essa transformação dentro do trabalho. A crença antiga era a de que, se a empresa não tirasse tudo do seu vendedor, ele não iria vender, porque só

---

* Conceito de cultura permanente e sustentável. (N.E.)

vendia por necessidade. Hoje, passamos a compreender que, se a empresa trata bem seu vendedor, cuida da sua saúde mental, física e emocional, ele vai vender porque é isso que gosta de fazer. Simplesmente porque ele entende que, quando se desenvolve, a empresa se desenvolve também. Ou seja, estamos falando de uma mudança de mentalidade dentro das organizações. Aquele modelo antigo, de uma quase coerção, pode funcionar financeiramente, mas ele nos adoece. Ele nos trouxe até aqui, mas nos adoeceu. Existem outras formas de tratarmos a produtividade que não necessariamente vão nos adoecer. O lugar de trabalho pode ser um espaço de realização. Pode ser um lugar onde colocamos os nossos talentos a serviço do mundo, onde encontramos satisfação e temos boas relações. O trabalho não precisa ser um lugar de adoecimento como vem sendo.

Monja Coen – *Happy hour* como sendo a hora do trabalho, e não quando se sai dele.

Gustavo Arns – Exatamente. É uma mudança de olhar, já percebida por algumas empresas que estão fazendo as suas transformações. Mas é como um transatlântico fazendo uma curva. Vai demorar um tempo até que realmente essa forma de enxergar o mundo e os líderes das empresas mudem, para que elas realmente olhem para os seres humanos. Porque o modelo que estamos vivendo hoje não aconteceu de ontem para hoje. Ele veio se construindo por um longo processo cujos frutos hoje estamos colhendo. Esse novo plantio vai dar frutos novos e diferentes no futuro. Mas é preciso plantar. A começar pela educação das crianças.

Que educação emocional nós recebemos? Na melhor das hipóteses, tivemos uma professora que disse: "Isso que você está sentindo do seu colega é raiva, é algo muito feio e não pode". Crescemos com a ideia de que existem sentimentos e emoções boas e ruins, aquilo que podemos ou não sentir. Nosso vocabulário emocional é mínimo. Durante muitos anos, fortalecemos nosso raciocínio e intelecto, mas emocionalmente somos infantis, porque nunca tivemos uma educação emocional de fato. Quando olhamos mentalmente para a emoção, temos vergonha do que sentimos, porque nosso mental é hiperdesenvolvido e o emocional, atrofiado. É infantil mesmo, por isso precisa ser olhado e tratado como tal. É preciso pegar no colo essa criança raivosa e ciumenta e conversar, reconhecer o que ela está sentindo como parte natural da existência. E aí expressar o que estamos sentindo, no momento adequado, na intensidade adequada, com a pessoa certa. Porque as emoções formam uma panela de pressão, e muitas vezes explodimos com quem não deveríamos, em um local inapropriado e com intensidade exagerada. Quando compreendemos o que estamos sentindo, nominamos a emoção e, ao invés de fugir dela, vamos a seu encontro, temos melhores possibilidades de expressão.

Monja Coen – Se as pessoas estiverem bem, elas vão produzir mais. Elas vão criar um movimento de prazer de estar trabalhando, de alegria e contentamento com o que estão fazendo, que não só vai melhorar a produtividade das empresas como vai mexer com a cabeça dos líderes também. A presença, a alegria, o contentamento em estar ali, de querer que os outros também estejam bem, influenciam até o chefe.

É preciso sentir

Gustavo Arns – Nossa incapacidade de lidar com o desconforto é também a nossa incapacidade de lidar com a raiva, com a tristeza, com a insatisfação. E a verdade é que, hoje, a ciência compreende que uma das características mais importantes das emoções é a sua impermanência e fluidez. As emoções são passageiras e, de maneira natural, seguem o seu fluxo, algo que o budismo fala há milênios. As emoções passam. Mas, na medida em que não lidamos com elas de maneira adequada, ou lutamos contra elas, tentando não sentir as emoções mais desafiadoras, acabamos agarrados a elas, que terminam por não seguir exatamente seu fluxo. À medida que nos fechamos para a tristeza, também nos fechamos para a alegria, para a felicidade, para o amor. É como se houvesse um canal pelo qual nossas emoções fluíssem; a angústia e a mágoa vão obstruindo esse canal. Assim, vamos nos tornando incapazes de sentir. Anestesiados.

Aristóteles falava em coerência existencial como sinônimo de felicidade. Para ele, a coerência existencial era o alinhamento entre aquilo que pensamos, sentimos e como agimos. Acho isso maravilhoso! Se Aristóteles tivesse se encontrado com Buda, teriam tido um bom diálogo.

Essa convergência entre linhas espirituais, filosóficas e científicas nos mostra que qualquer caminho é possível – qualquer caminho de autoconhecimento que seja interessante para nós. Se a pessoa se identifica com o zen-budismo, ótimo. Se aprecia a filosofia, maravilhoso. Se prefere a ciência, excelente também, desde que mergulhe fundo para compreender o conhecimento e seja capaz de colocá-lo em prática, não fique simplesmente no mental, no intelectual, do contrário não existe transformação. Citando Akbar, filósofo, autor da Mente Ronin:* "Saber e não fazer não é saber".

Hoje, como a senhora comentou, Monja, não basta afirmarmos algo; precisamos assinar um papel. Não basta assinarmos o papel; temos que ir até um cartório

---

* A Mente Ronin é uma filosofia inspirada na figura do Ronin japonês, um samurai sem mestre que segue seu próprio caminho. Por meio de 47 princípios, essa filosofia busca promover uma mudança de hábitos e padrões com vistas a uma vida feliz. (N.E.)

onde um agente público investido no cargo vai dizer: "Este é você mesmo". É uma sociedade em que a nossa palavra não vale nada, realmente. A nossa assinatura vale muito pouco. A nossa ética está perdida e, com isso, essa construção tão básica, tão fundamental de felicidade, de bem-estar, que é a confiança no outro, é praticamente inexistente.

Monja Coen – Um professor nos Estados Unidos dizia que, quando fazíamos o *zazen*, a meditação profunda, estávamos autenticando o nosso eu verdadeiro. Ele dizia que é como se fôssemos ao cartório e alguém reconhecesse "é você mesmo". Mas isso não pode cessar as questões. Precisamos nos questionar o tempo todo, mesmo quando a vida está boa. Por que ela está boa? O que chamamos de vida boa? O que é vida? O que é morte? O que estamos fazendo aqui? Não podemos esconder essas questões básicas da existência e dizer que tudo já se resolveu. Porque de uma pergunta sempre surge outra. De um aprendizado surge outro. É um processo contínuo de aprimoramento, não tem o ponto-final. Nem a morte é ponto-final.

Dizemos que o ensinamento supremo é o não nascido e o não morto. Um ser humano não surge do nada, mas é um processo de causas, condições e efeitos de muitas e muitas formas de vida no planeta. Tudo o que nós fazemos, fizemos e deixamos cria uma tendência de repetição por outras pessoas. Por isso, insistimos muito em dizer: crie causas e condições benéficas, e não só para você.

Estive em um lugar, onde um homem plantava um arbusto bem pequeno. A árvore ao lado tinha 600 anos. O homem disse: "Eu nunca verei meu arbusto chegar a esse tamanho, mas alguém verá. Estou plantando aqui e espero que não seja destruído". Então, é um pouco isso que podemos fazer nesta nossa vida.

Buda falava sobre a importância de *Hotsubodaishin* – palavra japonesa e título de um capítulo da obra máxima de mestre Eihei Dogen, conhecida como *Shobogenzo* (*Olho Tesouro do Darma Correto*). *Hotsu* é abrir. *Bodai* é despertar. *Shin* é a mente, o coração. Como fazemos para abrir a mente, ter o coração desperto? Quais são os meios de fazê-lo?

Buda dizia que temos três tipos de consciência ou três mentes, que funcionam em harmonia. A primeira delas é chamada de *Citta*, que é capaz de diferenciar. É ela que nos leva a procurar o despertar, que nos leva a praticar e a fazer os votos de bodisatva (*bodhi* significa desperto e *satva* é ser, ou seja, a pessoa que desperta e faz os votos). É a chamada consciência comum, discriminatória, não por preconceitos, mas porque somos capazes de perceber as diferenças. Percebemos a diferença entre um corpo humano e livros na parede, por exemplo. Portanto, essa mente que sabe diferenciar as coisas é muito importante. É por meio dela que diferenciamos o certo do errado, a tristeza da alegria, e que vamos acessar a mente una.

Não há nada a ser jogado fora, a ser excluído ou descartado na mente humana e na maneira de ser do mundo. Mas existe uma forma de compreendermos em mais profundidade, de não ficarmos só na superfície. Nós podemos olhar de uma maneira superficial para o mundo e para a vida, e nós podemos olhar de uma maneira mais profunda.

A segunda mente é *Hridaya*, chamada mente da grama e das árvores, e descreve os processos instintivos da força da vida. É também considerada o coração, o assento do sentimento e das sensações ou o mais íntimo do ser.

A terceira é *Vriddha*, a grande mente, experiente, sábia, mente de verdadeira sabedoria.

Uma mente não é melhor ou superior às outras. Mas é uma forma didática de descrever os processos da mente humana, que pode se limitar a um aspecto ou pode se aprofundar e estimular aspectos mais complexos e sutis. Entretanto, a que seria considerada a mais grosseira e superficial é essencial para que a procura aconteça.

"A procura é o encontro. O encontro é a procura" – frase de um religioso católico argentino (disseram-me que é do atual Papa Francisco, quando ainda era bispo). Convido o leitor a refletir sobre ela. A pensar, depois silenciar, meditar e deixar que a resposta chegue com clareza até você.

Gosto muito do professor **Leandro Karnal**. Certa vez, o ouvi falar sobre a história de ser como um pêndulo, que oscila para a direita e para a esquerda. Algumas vezes, pensamos que não há solução para a humanidade, que está muito para a direita ou muito para a esquerda. Mas a história permanece movendo o pêndulo, de um lado a outro. Nesse mover, o pêndulo sempre passa por um eixo de equilíbrio, um ponto neutro. O que procuramos é encontrar esse ponto neutro, que não é ioiô, não é bipolaridade: "Agora estou muito alegre, agora estou muito triste". Isso é da natureza humana, há momentos de muita alegria e há outros de muita tristeza.

Existe um ponto de equilíbrio, e ele tem relação com o nosso corpo físico. Temos que encontrar esse equilíbrio que é o eixo axial do nosso corpo. Quando alinhamos o nosso corpo, estamos alinhando o nosso processo mental. Quando respiramos conscientemente, estamos colocando sangue puro circulando com oxigênio em todo o nosso corpo. Esse oxigênio vai chegar ao nosso cérebro, e vamos pensar melhor. Mas, se não fazemos isso, se nos curvamos, se nos fechamos, se reclamamos, xingamos, brigamos, vamos criando uma energia perversa à nossa volta. Ficamos confusos e confundimos as pessoas ao nosso redor.

Como trabalhamos com a verdade? Como trabalhamos em contato com a realidade assim como ela é, bonita ou feia?

Não existe bonito nem feio, mas sim o que é como é. Temos a capacidade da visão, da audição, do olfato, do paladar, do tato, de ter sensações. O que fazemos com elas? Precisamos perceber essas sensações. Senti-las. Isso é trabalhado em vários níveis de consciência. E daremos respostas a cada sensação. Às vezes, a resposta que temos é de uma experiência anterior que não foi benéfica, e por isso não será adequada. Mas, se estivermos em plena atenção, trabalhando o autoconhecimento, esse conhecer a vida e o mundo com suas questões fundamentais, sem colocá-las de lado, conseguiremos perceber de onde vem a reação. Ao fazermos isso, poderemos encontrar uma cura, uma resposta diferente daquelas que sempre demos.

Não existe bonito nem feio, mas sim o que é como é. Temos a capacidade da visão, da audição, do olfato, do paladar, do tato, de ter sensações. O que fazemos com elas? Precisamos perceber essas sensações. Senti-las.

Por exemplo, é preciso reconhecer que a depressão existe, sim. Que ela é uma doença que pode ser curada. Há uma possibilidade de ascensão. Se existe o caminho para baixo, existe também o caminho para cima. O caminho para subir a montanha é o mesmo caminho para descê-la, e vice-versa. Estamos sempre em um sobe e desce, mas podemos apreciar cada passo dessa jornada e espalhar sementes conforme caminhamos.

Gustavo Arns – Eu vejo hoje, Monja, que a ciência da felicidade é uma forma de responder a esse anseio das pessoas. Porque muitas vezes a filosofia está distante, muitas vezes a pessoa ainda está fechada para a espiritualidade. E a ciência da felicidade tem a capacidade de responder aos anseios das pessoas, trazendo caminhos de construção de bem-estar e felicidade, e isso é muito valioso.

Monja Coen – Quando um Buda encontra outro Buda, pergunta: "Tem sido fácil para você fazer com que as pessoas despertem? E como nós podemos encontrar meios hábeis para que todos possam despertar?". Essa é a pergunta.

A capacidade do despertar, da felicidade, do bem-estar está sempre aqui. Há pessoas que não estão capazes de ouvir, mas não devemos desistir delas, porque elas também são importantes. Vamos criar causas e condições para que tirem o tampão dos ouvidos, para que fiquem mais sensíveis, mais delicadas e consigam ouvir. Talvez isso não aconteça durante a nossa existência, mas teremos criado causas e condições para que todos possam despertar. Não é só uma elite, ou um único grupo de pessoas – todos podem despertar, porque é da natureza humana.

Um aluno do budismo tibetano dizia: "Meu mestre é um cientista. Ele passa 16 horas por dia estudando a mente". Muitos não pensam dessa forma, não entendem o processo meditativo. Acham que a pessoa está apenas meditando, ou rezando.

Falamos desse grande todo, dessa grande mente, desse Uno, a que alguns chamam de Deus, e nós, budistas, chamamos de natureza Buda. Na infância, de certa forma, aprendemos uma relação com a espiritualidade e com a religião que é própria para a idade, ou seja, muito infantil. Rezamos como vovó nos ensinou, e essa é uma lembrança gostosa. Mas entendemos, de fato, o que Cristo falou? Vivemos o que ele falou? Colocamos isso em prática na nossa vida, ou só achamos legalzinho?

Temos que sair desse berço, dessa infantilidade das relações emocionais que temos conosco e com o espiritual e adentrar um passo mais adolescente, para nos tornarmos adultos no campo da espiritualidade, da experiência, do conhecimento de si mesmo e da vida. É como se fôssemos bebês aprendendo a andar. Ainda caímos nos valores antigos, na maneira como pensávamos. Mas precisamos nos colocar em pé. Podemos andar, correr. E podemos andar devagar, se quisermos, para começar a ter controle sobre os nossos movimentos mentais, emocionais, psíquicos. Somos nós que controlamos o nosso andar.

Ainda estamos em uma fase bem infantil. Estamos experimentando a realidade, o celular, o sexo, a comida, mas vai chegar o momento em que a grande sociedade passará por um amadurecimento. Sairemos de uma etapa para outra, para um estar no mundo menos competitivo e mais colaborativo, mais amoroso, que vai nos dar mais plenitude, mais bem-estar. Mas, como você lembrou, Gustavo, é um transatlântico fazendo a curva.

Acho que o trabalho do orientador ou da orientadora, do professor ou da professora, do monge ou da monja é apoiar e estimular: "Estou do seu lado e, se você for cair, posso ser um amparo. Confie em mim. Escolha seu caminho. Reflita". Mas é a pessoa que precisa andar. Apontamos caminhos e direções; se a pessoa os segue ou não já não é nossa responsabilidade, dizia Buda. Entretanto, penso que estimular a pessoa a fazer escolhas coerentes com seus propósitos também é função de educadores.

Buda dizia: "O médico prescreve um remédio. Se a pessoa o toma ou não, não é da responsabilidade do médico". Entretanto, creio que temos que ir além. O médico precisa convencer o paciente da necessidade de tomar o remédio nas doses corretas e horas prescritas.

Há um ensinamento de Buda chamado de *Sutra da Flor de Lótus da Lei Maravilhosa*. Um dos capítulos conta a história de um médico que, percebendo seus filhos adoentados, prepara um remédio excelente. Mas eles se recusam a tomá-lo. O pai, então, viaja para longe e envia para os filhos a mensagem de que ele está a morrer. Os filhos, aflitos, finalmente tomam o remédio que os cura. Teria o pai mentido ou usado um meio hábil para que se curassem?

Isso me faz lembrar aquela história conhecida da mãe que procurou **Mahatma Gandhi** para que ele dissesse ao filho dela que parasse de comer açúcar. Gandhi pediu a ela que voltasse com o filho em duas semanas e, então, disse para a criança: "Pare de comer açúcar". A mãe questionou: "Por que você não falou isso antes?". "Porque eu ainda comia açúcar. Eu não havia tido a experiência de viver sem açúcar e saber que era bom. Eu não podia falar se não soubesse, se não tivesse experimentado."

Talvez o que consideramos bom para nós, baseados em nossos valores e propósitos, pode não ser tão bom para outras pessoas. Não somos iguais. Somos semelhantes, mas não iguais. Diferentes e únicas são as pessoas. Mas há algo comum entre os seres humanos, somos capazes de refletir, raciocinar, decidir se o caminho que escolhemos está nos levando aonde queremos chegar.

Só o chegar, ter meta não é suficiente. É preciso apreciar a vida, compartilhar afetos e reflexões. Também podemos retroceder, mudar a maneira de ser e de pensar, mudar a forma de viver. Cada pessoa é responsável pela vida que está vivendo. Só que não estamos sós. Somos vítimas e algozes, colaboradores das transformações em nós e da vida coletiva. Influenciamos e somos influenciados. Não controlamos todos os vetores. Controlamos alguns, iniciando pelo processo simples de respirar e alterar estados emocionais conscientemente.

Vamos unir nossos propósitos para que haja alimentos em abundância, ternura e respeito, paz e harmonia e uma vida agradável de ser vivida? Sem nos esquecermos de apreciar cada etapa, cada fase, cada passo e cada tecla.

Escolhas... Cabe, a quem está orientando, estimular e aumentar a capacidade de discernimento correto para que a vida seja uma escolha clara e que todos e todas possam fazer reflexões sutis e profundas, em constante aprendizado. É preciso lembrar sempre que cada um de nós deve saber escolher e viver o que for mais adequado em cada instante.

Glossário

Achor, Shawn (1978): Especialista americano nos estudos da psicologia positiva, particularmente sobre a relação entre felicidade e sucesso, escreveu, entre outros, os livros *O jeito Harvard de ser feliz* e *Por trás da felicidade*.

Aristóteles (384-322 a.C.): Filósofo grego, é considerado um dos maiores pensadores de todos os tempos e figura entre os expoentes que mais influenciaram o pensamento ocidental. Discípulo de Platão, interessou-se por diversas áreas, tendo deixado um importante legado nos campos de lógica, física, metafísica, moral e ética, além de poesia e retórica.

Arns, Zilda (1934-2010): Médica pediatra e sanitarista catarinense, foi fundadora e coordenadora da Pastoral da Criança e da Pastoral da Pessoa Idosa e indicada três vezes ao Prêmio Nobel da Paz. Até a sua morte, no terremoto do Haiti, em janeiro de 2010, coordenava 155 mil voluntários em mais de 32 mil comunidades do Brasil.

Ben-Shahar, Tal (1970): Psicólogo israelense, foi professor da Universidade de Harvard, nos Estados Unidos, onde se formou e ministrou dois dos cursos mais concorridos dessa instituição: Psicologia Positiva e Psicologia da Liderança. É especialista em estudos sobre a felicidade e o bem-estar.

Buda: Título de Sidarta Gautama, fundador do budismo, significa "o que despertou", "o iluminado". Não se sabe ao certo a data em que nasceu, mas acredita-se que tenha sido por volta de 563 a.C., no atual Nepal, com morte em torno de 483 a.C. Filho de reis, desde cedo demonstrou interesse pela meditação e pelo pensamento filosófico. Preocupado com o sofrimento humano, abandonou a vida de príncipe para buscar a iluminação, transformando-se no primeiro Buda.

Cortella, Mario Sergio (1954): Filósofo brasileiro, é mestre e doutor em Educação pela PUC-SP, onde lecionou por muitos anos. Foi também secretário municipal de Educação de São Paulo (1991-1992). Hoje, atua como palestrante e é autor de diversos títulos como *Viver, a que se destina?*, em parceria com Leandro Karnal, e *Nem anjos nem demônios: A humana escolha entre virtudes e vícios*, com a Monja Coen.

Crema, **Roberto**: Psicólogo e antropólogo, tem formação em diversas escolas humanísticas e transpessoais. Introduziu no Brasil a formação holística de base, fundamentada na abordagem transdisciplinar. Ocupa a reitoria da Universidade Internacional da Paz (Unipaz) e tem dezenas de livros publicados.

Csikszentmihalyi, Mihaly (1934-2021): Psicólogo húngaro-americano, ficou conhecido por seus estudos sobre felicidade e criatividade, ajudando a fundar o campo da psicologia positiva. Desenvolveu o conceito de *flow*, ou fluxo, estado mental de plena atenção.

Dalai-lama: Tenzin Gyatso é o nome do 14º dalai-lama, líder espiritual tibetano, nascido em 1935. Ganhou o Prêmio Nobel da Paz de 1989, em reconhecimento à sua campanha pacifista para acabar com a dominação chinesa no Tibete. Após uma rigorosa preparação, que incluiu o estudo do budismo, de história e filosofia, assumiu o poder político em 1950, ano em que o Tibete foi ocupado pela China. Em 1959, após o fracasso de uma rebelião nacionalista contra o governo chinês, exilou-se na Índia, onde permanece até hoje.

Davidson, Richard (1951): Psicólogo e neurocientista americano, estuda os benefícios da meditação para o cérebro, defendendo que o bem-estar é uma habilidade que pode ser treinada.

De Masi, Domenico (1938-2023): Sociólogo italiano, ficou conhecido pelo conceito de "ócio criativo", que dá título a um de seus livros. Escreveu também *A emoção e a regra*, *A sociedade pós-industrial* e *O futuro do trabalho*, entre outras obras.

Diniz, Pedro Paulo (1970): Ex-piloto brasileiro de Fórmula 1, atua hoje no ramo da agricultura sustentável, sendo administrador da Fazenda da Toca, no interior de São Paulo, especializada em produtos orgânicos.

Dogen, Eihei (1200-1253): Mestre zen-budista japonês, fundou a escola Soto de zen. É conhecido por sua obra traduzida como *Olho Tesouro do Darma Correto*, uma coleção composta de 95 fascículos dedicados à prática budista e à iluminação.

Frankl, Viktor Emil (1905-1997): Judeu vienense, doutor em Medicina e Psiquiatria e doutor *honoris causa* em diversas universidades mundiais, inclusive no Brasil, foi um existencialista humanista que via os humanos como seres ativos, conscientes e livres. Esteve em campos de concentração de 1942 a 1945, e ajudava os companheiros de martírio a enfrentar com dignidade os desafios cotidianos.

Freud, Sigmund (1856-1939): Médico neurologista e psiquiatra austríaco, ficou conhecido como o "pai da psicanálise" por seu pioneirismo nos estudos sobre a mente e o inconsciente. Sua obra é objeto de questionamento, mas ainda exerce muita influência na área.

Gandhi, Mahatma (1869-1948): Estadista indiano e líder espiritual, dedicou-se a lutar contra a opressão e a discriminação colonialista britânica. Desenvolveu a política da resistência passiva e da não violência. Liderou o movimento pela independência da Índia em 1947, mas acabou assassinado por um antigo seguidor.

Grof, Stanislav (1931): Psiquiatra tcheco, é um dos principais teóricos da psicologia transpessoal. Conduziu pesquisas sobre o estado alterado de consciência, por meio de experiências com substâncias psicodélicas; posteriormente, desenvolveu uma técnica de respiração capaz de produzir efeitos semelhantes.

Hanh, Thich Nhat (1926-2022): Monge budista, pacifista, escritor e poeta vietnamita, sobreviveu à perseguição, a três guerras e a mais de 30 anos de exílio. Foi mestre de um templo no Vietnã cuja linhagem tem mais de dois mil anos e recua até Buda. Autor de mais de cem livros, fundou universidades e organizações de serviço social. Foi indicado para o Prêmio Nobel da Paz pelo reverendo Martin Luther King Jr.

Hitler, Adolf (1889-1945): Ditador alemão, foi responsável por um dos maiores genocídios da história. Invadiu a Polônia em 1939, provocando a Segunda Guerra Mundial. Mandou milhões de judeus para campos de concentração e conquistou vários países da Europa. Em abril de 1945, foi derrotado pelas tropas soviéticas e suicidou-se em seu *bunker*.

Huffington, Arianna (1950): Empreendedora e escritora americana de origem grega, é conhecida por ser a fundadora do Huffington Post, um dos veículos de mídia mais lidos e compartilhados nos Estados Unidos. Após sofrer uma crise de *burnout*, passou a escrever sobre bem-estar e defender um estilo de vida mais sustentável.

Karnal, Leandro (1963): Historiador, sua formação passa também pela antropologia e pela filosofia. É palestrante e autor de várias obras. Pela Papirus 7 Mares publicou, entre outros títulos, *Felicidade ou morte*, em parceria com Clóvis de Barros Filho, e *O inferno somos nós: Do ódio à cultura de paz*, com a Monja Coen.

Langer, Ellen (1947): Professora de Psicologia na Universidade de Harvard, nos Estados Unidos, é uma estudiosa do *mindfulness*. Tem vários livros publicados sobre esse tema e também conduz pesquisas sobre saúde, felicidade, tomada de decisões, entre outros assuntos, sempre com o enfoque da atenção plena.

Lipovetsky, Gilles (1944): Filósofo francês, é especialista em pós-modernidade. Participou ativamente na reformulação do ensino de filosofia na França e tem vários livros publicados, entre eles *A era do vazio* e *O império do efêmero*.

Loyola, Inácio de (1491-1556): Nascido na Espanha, foi o fundador da Companhia de Jesus, ordem religiosa dos jesuítas, que teve grande importância na Reforma Católica. Desenvolveu uma série de exercícios espirituais, com instruções práticas sobre métodos de oração e exames de consciência, que iriam adquirir grande influência na mudança dos métodos de evangelização da Igreja. Foi canonizado em 1622.

Lyubomirsky, Sonja (1966): Nascida na Rússia, é professora de Psicologia na Universidade de Riverside, nos Estados Unidos. Suas pesquisas sobre as possibilidades de tornar a felicidade duradoura, por meio da gratidão, da gentileza e das conexões, receberam diversos prêmios.

Martins, João Carlos (1940): Um dos mais importantes pianistas e maestros brasileiros, ao longo de sua carreira, uma série de eventos comprometeu seriamente os movimentos de suas mãos, mas não o impediu de continuar atuante. Seu trabalho é reconhecido mundialmente.

Nietzsche, Friedrich (1844-1900): Filósofo alemão, elaborou críticas devastadoras sobre as concepções religiosas e éticas da vida, propondo uma reavaliação dos valores humanos. Algumas de suas obras mais conhecidas são *A gaia ciência*, *Assim falou Zaratustra*, *Genealogia da moral* e *Ecce homo*.

Oettingen, Gabriele: É uma acadêmica e psicóloga alemã, com estudos sobre autorregulação e efeitos do pensamento futuro na cognição, nas emoções e no comportamento.

Papa Francisco (1936): Sucedendo Bento XVI, que abdicou ao papado em fevereiro de 2013, o jesuíta intelectual, cardeal argentino Jorge Mario Bergoglio, é o primeiro papa da América Latina. Adotou o nome de Francisco, por identificar-se profundamente com a figura de são Francisco de Assis, declarando diversas vezes querer "uma Igreja pobre para os pobres".

Pessoa, Fernando (1888-1935): Considerado o poeta de língua portuguesa mais importante do século XX, usava diferentes heterônimos para assinar sua obra. Os mais conhecidos são Alberto Caeiro, Álvaro de Campos e Ricardo Reis, cada um com estilos e visões de mundo diferentes.

Ricard, Matthieu (1946): Monge budista nascido na França, reside na Índia. Foi considerado por cientistas da Universidade de Wisconsin, Estados Unidos, o homem mais feliz do mundo, após fazer parte de uma pesquisa conduzida por Richard Davidson. Tem vários livros publicados sobre altruísmo, felicidade e sabedoria.

Sadhguru (1957): Mestre indiano, é adepto da filosofia de vida iogue, e oferece programas de ioga ao redor do mundo, por meio de sua Fundação Isha, organização sem fins lucrativos. Sua abordagem não se baseia em nenhum sistema de crenças e dedica-se a cuidar do bem-estar físico, mental e espiritual do ser humano.

Santo Agostinho (354-430): Nascido Agostinho de Hipona, foi um bispo católico, teólogo e filósofo latino. Considerado santo e doutor da Igreja, escreveu mais de 400 sermões, 270 cartas e 150 livros. É famoso por sua conversão ao cristianismo, relatada em seu livro *Confissões*.

Tieppo, Carla: Neurocientista e palestrante, é pioneira na aplicação da ciência do cérebro no desenvolvimento humano e organizacional. É professora e pesquisadora da Faculdade de Ciências Médicas da Santa Casa de São Paulo, onde ministra aulas sobre o funcionamento do sistema nervoso e suas relações com a mente e o comportamento humano.

Zatz, Mayana (1947): Geneticista brasileira, é professora na USP, onde coordena o Centro de Pesquisas sobre o Genoma Humano e Células-Tronco (CEGH-CEL). Premiada no Brasil e no exterior, atua em estudos com enfoque em doenças neuromusculares e envelhecimento, além de pesquisas em células-tronco, zika e câncer.